MINISTÈRE DES COLONIES

COMMISSION

DES

JARDINS D'ESSAI COLONIAUX

JARDIN D'ESSAI COLONIAL

PARIS

IMPRIMERIE F. LEVÉ

RUE CASSETTE, 17

—

1899

JARDIN D'ESSAI COLONIAL

MINISTÈRE DES COLONIES

COMMISSION

DES

JARDINS D'ESSAI COLONIAUX

JARDIN D'ESSAI COLONIAL

PARIS
IMPRIMERIE F. LEVÉ
RUE CASSETTE, 17

—

1899

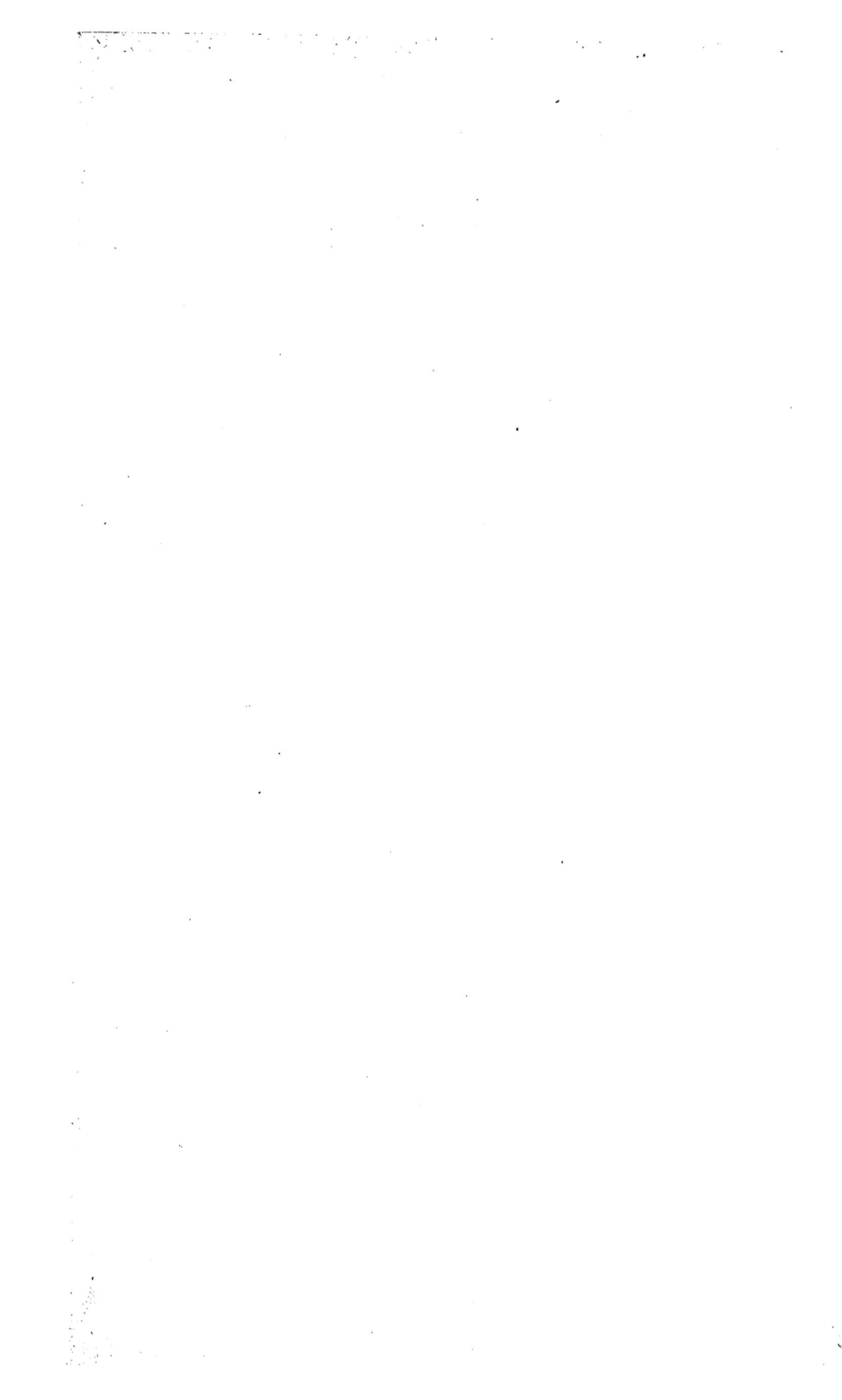

RAPPORT

PRÉSENTÉ AU MINISTRE DES COLONIES

SUR UNE MISSION AUX JARDINS ROYAUX

DE KEW

Monsieur le Ministre,

J'ai l'honneur de vous remettre le rapport que vous avez bien voulu me demander, par lettre du 8 juillet dernier, sur la mission que m'avait accordée M. Lebon, votre prédécesseur, pour me faciliter l'étude de l'organisation et du fonctionnement des Jardins royaux de Kew, en Angleterre.

Ce grand établissement botanique est considéré, à bon droit, comme un des principaux facteurs de la prospérité des possessions britanniques, par l'impulsion qu'il a donnée, la direction scientifique et méthodique qu'il a imprimée aux cultures coloniales.

A l'heure où l'on est pénétré en France du rôle prépondérant que l'agriculture est appelée à jouer dans le développement économique de notre empire colonial, il y avait un intérêt manifeste à étudier par quels organismes et par quels procédés s'est exercée l'action de l'Institut botanique de Kew et à rechercher quel profit nos colonies pourraient retirer d'un pareil exemple. C'était le but de la mission qui m'avait été confiée et c'est l'objet de ce rapport.

J'y étudierai successivement :

1° L'origine, l'organisation et le rôle, principalement au point de vue colonial, des jardins royaux de Kew;

2° L'utilité que nos Colonies pourraient retirer d'une institution analogue.

I

ORIGINE, ORGANISATION ET ROLE COLONIAL
DES JARDINS ROYAUX DE KEW

§ 1

L'origine des *Royal Kew Gardens* remonte à plus de deux siècles, et comme beaucoup d'institutions d'intérêt général, en Angleterre, ils ont eu pour point de départ une initiative particulière. En 1650, lord Capel acquit, aux abords de Kew, localité située à 30 kil. environ à l'ouest de Londres, une habitation entourée d'un petit parc; il y créa des jardins et entreprit d'y réunir en grand nombre des plantes exotiques. En 1730, cette propriété fut prise à bail par le prince de Galles (plus tard Georges III), qui accrut considérablement les jardins et y construisit plusieurs serres. De cette époque paraît dater la création du jardin botanique proprement dit, dont les collections s'accrurent si promptement qu'il devint nécessaire, en 1739, d'en confier la direction à un botaniste expérimenté : Aiton.

Celui-ci et son fils, après lui, furent puissamment secondés et encouragés par le haut patronage et l'assistance d'un savant naturaliste et explorateur, sir Joseph Banks, qui, jusqu'à sa mort, en 1820, fut en quelque sorte le directeur honoraire de Kew. Grâce à lui, de nombreuses collections vinrent enrichir les jardins, dont la renommée commença à se répandre.

En 1789, les jardins furent achetés par Georges III, à la famille Capel, et devinrent la propriété de la famille royale, qui fit du palais de Kew sa résidence favorite. Des relations suivies commencèrent à s'établir entre Kew et les colonies et de nombreux botanistes furent envoyés sur divers points du globe pour collecter des plantes. Les frais de ces missions furent supportés par le Trésor de l'Amirauté, comme dépenses d'intérêt public. Dès ce moment, l'établissement acquit donc une sorte de caractère national. — Vers cette même époque, les gouvernements coloniaux contractèrent l'habitude de consulter, au sujet des cultures de leurs colonies respectives, les autorités de Kew, qui se trouvèrent ainsi progressivement investies d'une sorte de direction officieuse de la colonisation agricole.

En même temps, le patronage et la haute autorité du nom de Banks faisaient de Kew le centre de la science botanique dans le Royaume-Uni ; des dessinateurs et des peintres spéciaux étaient attachés à l'établissement pour reproduire les plantes à leur arrivée, des publications étaient fondées pour s'occuper uniquement des plantations et des collections de Kew.

Après la mort de Georges III et de Banks, survenue en 1820, l'établissement, négligé par la famille royale, laissé sans directeur scientifique, subit une éclipse; en 1840, il fut même question de le supprimer. Mais l'opinion publique s'émut et des pétitions ayant été adressées à la Reine, elle fit don à la Nation des jardins de Kew, qu'on plaça en 1841, sous le contrôle de la Direction des eaux et forêts, et sous la haute direction du savant professeur Hooker. Depuis lors, l'étendue, la richesse et la notoriété de cet Institut botanique n'ont fait que s'accroître. Des acquisitions et des dons ont porté sa superficie à 150 hectares ; plusieurs musées, un laboratoire et un herbier célèbre ont été construits, puis agrandis, plusieurs bibliothèques créées et incessamment enrichies.

Kew est ainsi devenu, tout d'abord, un jardin d'agrément national qui, par le charme du site, la beauté des plantations, l'attrait des collections de plein air, de serres et de musées est aujourd'hui un lieu de promenade favori du public. D'autre part, le savoir et les capacités spéciales de ses administrateurs en ont fait un grand centre scientifique, le centre de la botanique pour le RoyaumeUni, mais où la tendance essentiellement pratique de la race anglaise a constamment associé et appliqué la science à l'étude et au progrès des intérêts économiques, de l'horticulture en général et plus particulièrement des cultures coloniales. On a appelé Kew l'Université de l'horticulture de l'empire britannique, et son action à ce point de vue serait des plus intéressantes à étudier ; mais ce rapport doit spécialement s'attacher à mettre en lumière le rôle colonial des jardins de Kew. — Auparavant, il convient d'analyser sommairement leurs multiples fonctions, en passant rapidement en revue les divers organismes et services qui les composent.

§ 2

Ces éléments comprennent :

Les jardins proprement dits ;
Les serres ;
Les musées ;
L'herbier ou herbarium ;
Le laboratoire ;
Les publications ;
L'enseignement ;
Le service d'informations.

1° Jardins.

Les jardins réunissent les collections d'arbres et de plantes de plein air, dont la distribution méthodique n'exclut pas un art et un goût qui font affluer les visiteurs. Leur nombre s'est élevé à 1.396.875 en 1896. Les jardins sont aussi fréquentés par les étudiants et les savants qui peuvent s'y livrer, avant l'admission du public, à l'étude de la botanique, soit sur des spécimens mis à leur disposition, soit sur les collections des pelouses et des serres.

2° Serres.

La plupart des serres de Kew présentent, à des degrés divers, tout à la fois un intérêt d'agrément, un intérêt scientifique et un intérêt économique.

Parmi les serres qui contribuent plus particulièrement à l'ornement des jardins on peut citer : les serres des fougères (nos 2 et 3), des plantes d'ornement (4-9), des plantes grasses (5) (cette serre contient aussi la collection des plantes textiles de ces variétés : four-croya, sanseveria, cactus, aloès, agaves, etc.), — des bégonias (8) — des orchidées (13-14) — les aquariums (10-15) — enfin le palmarium qui présente aussi un grand intérêt économique.

Les serres économiques comprennent : les serres des plantes com-merciales, le palmarium, la serre des régions tempérées, les serres de forçage.

Les serres de ce groupe se complètent pour ainsi dire entre elles et concourent, comme nous l'allons voir, au groupement, à l'étude, à la multiplication et à la propagation des végétaux utiles.

Les *serres des plantes commerciales* (11 et 12) sont réservées aux plantes servant à l'alimentation, à la construction, au vêtement; aux plantes médicinales, tinctoriales, à parfums, etc... Elles constituent un très efficace instrument de vulgarisation et d'instruction pour le grand public. Plaçant sous les yeux des visiteurs des spécimens des plantes utiles, de petites dimensions, il est vrai, mais tous munis d'étiquettes soigneusement rédigées, elles leur apprennent les usages de ces végétaux et montrent quelle immense variété de plantes utiles à l'homme produisent les pays chauds comparativement aux pays tempérés.

Ces serres servent, en outre, mais exceptionnellement, à cultiver et à étudier les nouvelles plantes dont on veut déterminer l'espèce, rechercher la valeur commerciale ou qu'on désire multiplier et pro-pager dans les colonies. On les fait fleurir et fructifier dans ces serres, puis on expédie dans les colonies, soit les graines ainsi ré-coltées, soit des plants obtenus du semis de ces graines.

Lorsque les spécimens que renferment ces serres ont atteint un trop grand développement, ils sont transportés au palmarium ou à la serre tempérée, s'il y a intérêt à les conserver.

Le *palmarium* est une serre monumentale, l'une des plus vastes du globe (1) où se trouvent réunis les échantillons de plantes exotiques les plus considérables que possède Kew. L'encadrement de la cou-pole centrale est formé par 59 palmiers, plantés en pleine terre à perpétuelle demeure; au centre se trouvent, également en pleine terre, de grands spécimens de plantes des pays chauds, qui trouvent dans cette serre les conditions climatériques presque naturelles de leurs pays d'origine. C'est ainsi qu'on y peut voir fleurir et fructifier notamment plusieurs variétés de caféiers, dont quelques-uns sont très âgés.

La *serre des régions tempérées* était destinée, comme le palmarium, à recevoir les plantes de grandes dimensions, mais demandant moins

(1) Voici les dimensions du palmarium : longueur totale, 125 mètres ; largeur de la coupole centrale, 30 mètres; hauteur au centre, 22 mètres ; largeur de chacune des ailes, 19 mètres; hauteur, 10 mètres.

de chaleur. On la transforme en ce moment et on y ajoute de nombreuses annexes, afin d'y grouper, dans une série de serres à températures graduées, depuis la serre froide jusqu'à la serre tropicale, les plantes économiques de tous les climats et d'y transférer notamment le contenu des serres commerciales. Après sa transformation, elle occupera une superficie plus considérable que le palmarium.

Serres de forçage. — Les serres dont nous venons de parler ne servent qu'exceptionnellement à la culture proprement dite et à la production des plantes; les serres de forçage sont, au contraire, exclusivement réservées à la multiplication par semis ou par boutures des végétaux utiles.

Ces serres, construites d'après le type ordinaire des fosses à forçage des jardiniers fleuristes, n'ont rien d'architectural (1). Elles sont même de très modeste apparence, et néanmoins jouent un rôle considérable dans l'action des jardins de Kew au point de vue colonial.

C'est dans ces serres, en effet, qu'ont été et que sont constamment cultivées et sélectionnées les espèces utiles que Kew expédie dans les colonies anglaises et dont certaines ont fait leur richesse, comme le quinquina et les diverses variétés de caféiers. Les jardiniers de Kew obtiennent en grand nombre, par semis ou par boutures, de petits plants des variétés que l'on veut propager. Ces plants sont ensuite amenés à un état de développement suffisant pour leur permettre de supporter le transport et sont enfin expédiés au loin, soigneusement emballés dans des sortes de serres portatives d'un modèle spécial (caisses Ward).

En résumé, le travail qui s'effectue dans les serres de multiplication des jardins de Kew est presque, à tous points de vue, comparable à ce qui se pratique dans les fosses à forçage de nos fleuristes parisiens. Ceux-ci s'occupent à faire acquérir à certaines plantes une croissance rapide pour les livrer plus avantageusement au public. Il en est de même à Kew, avec cette différence que le marché, la clientèle pour laquelle Kew travaille (d'ailleurs gratuitement), c'est l'ensemble des colonies anglaises, et que les végétaux qui leur sont livrés, au lieu d'être de simples plantes d'agrément, sont des végéaux économiques, productifs de richesse.

(1) La serre à forçage est une construction basse, longue et étroite, comprenant le plus souvent deux serres accouplées, raccordées à l'une de leurs extrémités par un pavillon pour les manipulations; quelques-unes sont en partie enterrées dans le sol. Voici le type des serres accouplées, 17 A et 17 B, où se pratique le forçage des plantes destinées aux colonies tropicales : elles ont 33 mètres de longueur, 2 m. 50 de hauteur et 2 m. 50 de largeur, avec à l'intérieur accotées aux murs deux étagères de 0 m. 90 de large, séparées par un étroit passage et sous lesquelles courent des tuyaux de chauffage. Les serres sont reliées à l'une de leurs extrémités par un petit pavillon.

Les serres de forçage sont toutes réunies dans une enceinte, dont l'accès est interdit au public, et une autorisation spéciale du Directeur est nécessaire pour être admis à les visiter. Cette précaution a pour but, d'abord, d'éviter les allées et venues du public, qui pourraient nuire aux travaux délicats pratiqués dans ces serres; en second lieu, de soustraire au public des essais et expériences, souvent très importants, que l'administration tient à ne pas divulguer. J'ajoute que l'autorisation de pénétrer dans ces serres n'est généralement accordée qu'aux visiteurs qui peuvent invoquer un intérêt scientifique ou économique, et que les simples curieux en sont rigoureusement écartés. J'ai dû à la bienveillance de M. Thiselton Dyer, l'éminent directeur de Kew, de visiter longuement, à trois reprises, ces intéressantes serres; en juillet 1897 et juillet 1898. Par deux fois, j'ai eu la bonne fortune d'être guidé dans ces visites par le très aimable et compétent administrateur des jardins, M. Nicholson, qui m'en a expliqué, en détail, le fonctionnement et l'utilité.

Outre les serres de multiplication, l'enceinte réservée renferme d'autres serres abritant les plantes qui ont subi de longs voyages, et qu'on y soigne, qu'on y hospitalise pour ainsi dire, afin de les guérir, de les rétablir des blessures et de l'épuisement occasionnés par le transport, avant de les réexpédier dans les colonies ou de les placer dans les serres.

Diverses annexes sont affectées au matériel des expéditions, caisses Ward, poteries, etc., et à la préparation des envois.

3° Herbarium.

L'herbier ou herbarium est un très important service de l'Institut de Kew. Il a pour mission de rassembler, de déterminer, de classer, d'étudier au point de vue purement scientifique, enfin de reproduire par planches et dessins et de faire connaître, par des publications spéciales, les spécimens de la flore du monde entier.

Fondé en 1853, avec les dons provenant de Bentham et d'autres naturalistes, il n'a cessé de s'enrichir par des libéralités ou des envois, qui, chaque année, représentent un apport moyen de 20.000 nouveaux spécimens. Ce chiffre considérable s'explique par la façon dont l'herbarium procède à ce recrutement.

De toutes les parties du monde, on expédie à Kew des collections de plantes pour en opérer la détermination et le classement; en rémunération de ce travail, l'herbarium conserve une quantité plus ou moins considérable de spécimens et se procure ainsi de nombreuses plantes, dont les plus intéressantes servent à des échanges avec les musées botaniques du dehors; le reste est expédié aux herbiers des colonies, qui, à leur tour, ne cessent d'envoyer à Kew tout ce qui peut accroître ses collections.

Neuf classificateurs, rompus à ce travail, un peintre et un artiste affecté au montage des spécimens sont attachés à l'herbarium. Ils sont constamment occupés à classer les plantes, à décrire les espèces nouvelles, déterminer les spécimens envoyés par les correspondants de Kew ou collectées dans les parties peu connues du globe. Plusieurs publications, dont nous parlerons plus loin, réunissent le fruit de ce travail.

L'herbarium occupe une vaste construction à trois étages, très pratiquement aménagée pour la facilité des recherches et la commodité du travail. Il n'est pas ouvert au public, mais quiconque s'occupe de recherches botaniques est admis à y travailler dans les salles des collections et l'importante bibliothèque scientifique qui y est annexée.

4° Musées.

Les musées complètent l'ensemble des collections de Kew et contribuent avec les serres économiques à familiariser le public avec les végétaux utiles et les produits qu'en retirent le commerce et l'industrie. Leur aménagement est à cet égard des mieux conçus. On y trouve, en effet, groupés auprès des spécimens des plantes elles-mêmes et des produits qu'on en retire, des cartes et tableaux indiquant leur pays d'origine, les procédés et méthodes d'extraction et de préparation des produits, ainsi que les outils et machines qui servent à les manufacturer; on peut suivre, en un mot, les diverses transformations que subissent ces produits de l'état brut à l'état le plus perfectionné.

Ces musées servent en outre à l'enseignement : les cours organisés au profit du personnel des jardins, dont nous parlerons plus loin, ont lieu dans leurs salles, où la vue des végétaux et des produits dont parlent les professeurs, rend plus attrayantes et plus saisissantes leurs explications.

Le premier musée de cette catégorie fut fondé par Hooker, qui fit don à la nation de ses collections personnelles. Les importantes collections de même nature réunies pour l'Exposition de 1851, et plus tard pour l'Exposition de 1862, y ont été depuis annexées.

En 1862 également, un autre musée fut installé pour abriter la collection des bois d'industrie qui avait figuré à cette dernière Exposition.

Enfin, en 1880, l'Office des Indes transféra à Kew les immenses collections qui composaient le musée indien de Kensington. Le Gouvernement de l'Inde verse à l'administration de Kew une certaine redevance pour l'entretien des collections et la rémunération d'un agent chargé de surveiller l'arrivée des envois de l'Inde.

5° **Laboratoire**.

Le laboratoire Jodrell, du nom de son fondateur, s'occupe exclusivement de recherches scientifiques, et l'abondance des matériaux dont il est entouré le rend éminemment propre à ce genre de travaux. Mais il arrive souvent que les autorités de Kew sont consultées sur la valeur et les débouchés commerciaux des plantes ou des produits. En pareil cas, elles s'adressent pour ces études ou recherches à des spécialistes du dehors, courtiers ou experts de commerce, chimistes, industriels, etc... qui les renseignent, la plupart du temps, sans aucune rémunération, et dont les rapports sont fréquemment insérés au *Bulletin de Kew*. En cas de nécessité, le Directeur fait même appel à des techniciens tout à fait indépendants de Kew et dont les travaux sont rémunérés.

6° **Bibliothèques**.

Kew possède plusieurs bibliothèques; les plus importantes sont la bibliothèque de l'Herbarium qui possède plus de 15.000 volumes sur la botanique scientifique, et la bibliothèque annexée aux musées économiques, qui est composée exclusivement d'ouvrages relatifs à la botanique économique et commerciale.

7° **Publications**.

Les publications de Kew contribuent puissamment à son action scientifique, économique et coloniale, en répandant les innombrables informations qui lui parviennent ou les travaux de son personnel.

Le catalogue général de ces publications a paru récemment (n° 121 du *Bulletin de Kew*, janvier 1897). La simple énumération des ouvrages ou périodiques publiés par l'établissement, de 1841 à 1885, remplit plus de quatre-vingts pages de petit texte.

Je me bornerai à mentionner les plus importants; ce sont :

Au point de vue scientifique, les publications suivantes émanant de l'herbarium :

a) La *Revue de Botanique*, mensuelle, donnant la description des plantes nouvellement acquises;

b) Description des Plantes, de Hooker, contenant la description et les figures des nouvelles plantes rares dont Kew ne possède pas de spécimen ;

c) Les Décades de Kew, courtes descriptions de plantes nouvelles, généralement extraites du *Bulletin*.

Ce dernier périodique, mensuel (*Bulletin of Miscellaneous Informations*), est, à tous égards, la plus considérable des publications de Kew au point de vue économique.

Il est publié sous l'inspiration immédiate du sous-directeur de

Kew, mais tout le corps scientifique de l'établissement y contribue. Il reproduit la plupart des correspondances échangées entre Kew et les administrations ou jardins botaniques des colonies et de l'étranger, les listes des semences et des nouvelles plantes obtenues, des études sur les plantes, les procédés de culture, les produits, etc. Ce *Bulletin* résume en un mot l'œuvre économique des jardins de Kew et contribue à signaler et à propager dans les colonies anglaises les nouvelles découvertes et les nouvelles méthodes intéressant les cultures coloniales ; il fait œuvre d'enseignement général.

8° Enseignement spécial.

A côté de cet enseignement d'une portée générale, il existe à Kew une série de cours spécialement organisés au profit du personnel des jardins.

Kew façonne, par un complément d'études, un certain nombre de jeunes jardiniers possédant déjà les connaissances fondamentales de leur profession. Ces situations ne sont attribuées qu'aux jardiniers ayant au moins cinq ans de pratique de la culture des serres ; elles sont extrêmement recherchées et quelques-unes sont réservées à des étrangers. Les études sont à la fois théoriques et pratiques. Au point de vue pratique, les jeunes jardiniers, passant successivement dans les divers services des jardins, acquièrent une connaissance complète des travaux de jardinage, des serres et de plein air. Ils sont secondés par des hommes de peine, de sorte que le jeune jardinier peut se réserver uniquement pour les travaux réclamant une attention particulière ou d'une exécution délicate et pour les observations et les études que poursuit son service.

Les études théoriques marchent de front avec les travaux pratiques. Les jeunes jardiniers sont tenus de suivre un certain nombre de cours professés par le haut personnel de l'établissement. Cet enseignement comprend :

1° Un cours de physique et de chimie générales, dans lequel sont plus particulièrement développées les matières ayant un rapport direct avec la botanique et la géologie ;

2° Un cours de géographie botanique, portant principalement sur la climatologie, la distribution des végétaux sur le globe, les caractères botaniques des diverses zones, torride, tempérée, et leurs subdivisions, l'influence de la latitude, de l'altitude, de l'homme sur la distribution des plantes ;

3° Un cours de botanique économique. Il est professé dans les musées économiques, au milieu même des spécimens de plantes et produits des nombreuses familles et espèces de végétaux utiles que ce cours passe en revue ;

4° Un cours de botanique systématique, donnant des notions générales sur la structure des végétaux, sur les fonctions de leurs divers organes, leur classification, les caractères généraux des principales familles, et fournissant, en outre, des indications pratiques sur la manière de collecter les plantes, de les préparer pour les herbiers, de les classer et d'en assurer la conservation.

Durant son séjour à Kew, chaque élève doit collectionner et préparer lui-même un herbier d'au moins 250 spécimens. Enfin, chaque semaine, d'octobre à mars, les jeunes jardiniers, constitués en Association amicale (Kew Gardener's mutual improvement Society), se réunissent au siège de la Société pour entendre un rapport ou une conférence d'un élève, d'un chef ou d'une des autorités de Kew.

Après avoir passé deux années à Kew et subi avec succès les examens qui couronnent cet enseignement, les jeunes jardiniers reçoivent un diplôme et obtiennent aisément des emplois avantageux, soit dans les établissements botaniques, soit dans les exploitations culturales des colonies anglaises ou de l'étranger.

On a donc pu dire avec raison que Kew est une « Université de jardinage » fournissant aux jeunes gens appelés à participer à l'œuvre coloniale tous les moyens nécessaires pour acquérir une bonne instruction botanique ainsi que la théorie et la pratique de l'horticulture.

9° Service de renseignements et d'échanges.

Ce service est l'un de ceux par lesquels s'exerce le plus activement et le plus efficacement l'influence de Kew. Si son action est peu apparente, son importance est attestée par le seul fait que le Directeur et le Sous-Directeur de Kew en assument personnellement la charge.

Le rapide coup d'œil que nous venons de jeter sur les autres services des jardins a déjà permis d'entrevoir la variété des informations que Kew est appelé à fournir et l'étendue de sa correspondance. Nous définirons plus loin le caractère de celle qu'il entretient avec les gouvernements et les jardins coloniaux de l'empire britannique ; mais, en outre, de toutes parts, les institutions scientifiques ou d'intérêt général du Royaume-Uni et de l'étranger, les économistes et publicistes, les particuliers qui s'intéressent dans un but scientifique ou commercial à l'horticulture ou aux cultures coloniales, demandent à Kew des conseils, des renseignements, envoient des spécimens de graines et de plantes à déterminer, des produits à analyser, demandent des plantes économiques ou ornementales, proposent des échanges, etc., etc. Il serait difficile d'analyser en détail un service de ce genre : seule l'inspection des registres d'entrée et de sortie de la correspondance pourrait permettre d'apprécier plus exactement l'étendue et l'importance des informations transmises, des transactions opérées.

Tout le système des transactions de Kew est basé sur l'échange. Kew ne vend ni graines ni plantes, et la richesse de ses collections le dispense presque d'en acheter; mais il fait des échanges avec le monde entier.

Ces échanges sont même constants entre Kew et les jardins botaniques des colonies anglaises. Un mot de la Direction suffit pour faire venir de ces établissements, toujours abondamment pourvus, tout ce dont elle peut avoir besoin; car les administrations des colonies sont assurées de recevoir, en retour de leurs envois, beaucoup plus que ce qu'elles auront expédié.

Les envois de Kew aux jardins coloniaux sont d'ailleurs préparés d'après les besoins et les ressources des diverses colonies, grâce à la connaissance approfondie que le Directeur et le Sous-Directeur en ont acquise non seulement par leurs études, mais encore par un séjour plus ou moins prolongé dans les régions tropicales. Le Directeur actuel, M. Thiselton Dyer, a été l'aide-préparateur de Hooker, et était auparavant professeur de botanique. Le Sous-Directeur, M. le Dr Morris, a rendu des services signalés tant à Ceylan qu'à la Jamaïque, avant d'être nommé à Kew. Ce n'est là d'ailleurs que l'application d'une règle générale, qui impose à tous les fonctionnaires de Kew d'avoir séjourné dans les colonies. On a, avec raison, voulu fortifier leurs connaissances scientifiques par une expérience des choses coloniales que rien ne saurait suppléer, et assurer ainsi plus de valeur à leurs jugements et d'autorité à leurs conseils. Nous trouvons là un nouvel indice de l'orientation coloniale de Kew, que nous allons étudier, après avoir complété ce rapide aperçu de ses divers organismes par quelques indications sommaires sur le personnel et le budget.

§ 2

PERSONNEL

Le personnel administratif des jardins de Kew compte dix-huit fonctionnaires :

1° Un directeur et un sous-directeur, qui exercent le contrôle général des services et dirigent personnellement la correspondance, les expéditions et échanges de plantes, la publication du *Bulletin*. Ils sont secondés par deux assistants.

2° Le personnel de l'herbarium qui comprend un directeur et huit assistants.

3° Le service des musées est assuré par un administrateur et un assistant.

4° L'administration des jardins est confiée à un curator et un assistant.

5° Enfin, le directeur du laboratoire, qui a rang dans le personnel administratif, remplit gratuitement ses fonctions.

Dans son ensemble, le personnel attaché à l'établissement se répartit ainsi :

Haut personnel administratif et scientifique........	18
Horticulteurs et jardiniers (dont 37 élèves jardiniers).	49
Employés aux cultures.........................	63
Gardiens, surveillants et attachés aux musées. ...	30
Employés aux travaux.........................	12
En tout........................	172

Si nombreux que soit ce personnel, la réputation des jardins de Kew est telle qu'il se recrute par une véritable sélection.

Nous l'avons déjà signalé pour la haute direction et les élèves jardiniers; il en est de même à tous les degrés, tant les postes sont recherchés.

Le corps scientifique se recrute généralement parmi les jeunes botanistes des Universités; parfois, à la suite d'examens, on y admet de jeunes jardiniers de Kew, ce qui montre le degré élevé d'instruction scientifique qu'ils y peuvent acquérir. C'est également parmi ces derniers qu'on choisit habituellement les fonctionnaires attachés aux jardins proprement dits.

BUDGET

Le budget de Kew est des plus simples. Ses ressources proviennent à peu près uniquement du budget métropolitain. Chaque année, le directeur établit les états des prévisions, d'après lesquels le Parlement vote les fonds nécessaires à l'acquittement des dépenses. Ces sommes figurent au budget du Ministère des travaux publics, direction des services civils.

Les autres ressources de Kew sont insignifiantes : l'établissement, comme nous l'avons vu, ne reçoit aucune subvention des colonies, sauf une modeste allocation du gouvernement de l'Inde. Ses autres recettes n'ont pas dépassé 281 livres en 1897 (1). Les états des pré-

(1) Voici le détail de ces recettes :

Vente de bois et vieux matériaux.....	20	livres
Titre de rente...................................	1	—
Bénéfice provenant de l'élagage des arbres...........	10	—
Produit de la location du buffet....................	250	—
	281	livres

visions de dépenses reproduits ci-dessous (1) suffiront à donner une idée du budget de l'établissement.

Ce rapide coup d'œil sur l'organisation administrative et financière des jardins de Kew suggère deux remarques :

On peut, tout d'abord, s'étonner que les budgets coloniaux ne participent point aux dépenses d'une institution si utile aux colonies.

Il faut en rechercher l'explication dans les origines mêmes des jardins de Kew. C'est de l'époque où ils étaient propriété de la cou-

(1) Pour l'exercice 1895-96, les prévisions de dépenses atteignaient le chiffre de 32.708 livres sterling (817.600 francs).

Elles étaient, pour 1896-97, de 29.318 livres, d'après le détail suivant :

Salaires et traitements	6.297 livres
Voyages	50 —
Habillements	94 —
Police et garde du parc	1.626 —
Nouveaux travaux	7.255 —
Entretien	13.729 —
Fournitures	200 —
Rentes	67 —
	29.318 livres

Voici enfin les prévisions plus détaillées pour 1897-98 :

Salaires et traitements		6.692 livres
Voyages		50 —
Habillements		125 —
Police		1.621 —
Nouveaux travaux :		
Achats pour les musées	200	
Construction d'une partie des ailes de la serre tempérée	1.000	
Acquisition de nouveaux tuyaux pour la canalisation d'eau	100	2.150 —
Aménagements sanitaires	180	
Nouvelles serres	400	
6 nouvelles prises d'eau contre l'incendie	144	
Menus travaux et réparations	129	
Entretien de routes, pelouses, pépinières, plates-bandes, serres :		
Matériel	1.700	
Salaires	5.928	7.988 —
Location de chevaux et camions	200	
Achat et entretien d'outils	160	
Pavillon des gardes, palmarium; murs d'enceinte, logements de l'administration, fontaines		3.950 —
Grosses réparations		800 —
Fourniture d'eau		450 —
Gaz et chauffage		1.731 —
Assurances maritimes et fret		180 —
Achat, réparations de mobiliers et aménagement		500 —
Contributions		66 —
Total		26.303 livres

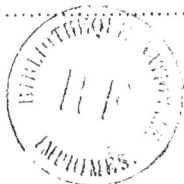

2

ronne que datent l'établissement de leurs relations avec les colonies et la gratuité de leur assistance. Lorsqu'en 1841 les jardins furent donnés à la Nation, nul ne songea à modifier ces traditions et à faire contribuer les colonies aux dépenses de l'etablissement, en retour des services qu'il leur rendait. La métropole le prit entièrement à sa charge.

Mais n'eût-il pas été, du moins, préférable de rattacher au *Colonial Office* une institution en rapports constants avec lui, plutôt que de la placer sous le contrôle du Département des travaux publics (service des eaux et forêts), avec lequel on ne lui entrevoit que des rapports secondaires?

Cette dernière solution, qui se concilie mal avec nos tendances à la centralisation administrative, n'a en Angleterre, où l'esprit contraire prévaut dans l'organisation des services publics, aucun des inconvénients qu'on serait porté à lui attribuer et qui se produiraient chez nous en pareil cas. On peut affirmer, au contraire, que l'établissement de Kew n'en a retiré que des avantages. Il y a gagné de ne pas devenir un rouage administratif, de conserver une autonomie, une indépendance que le cours du temps n'a fait que fortifier.

En réalité, le lien administratif qui rattache Kew au Département des travaux publics est des moins rigides; le contrôle de ce Département se limite effectivement à la gestion financière et, même ainsi réduit, il s'exerce très discrètement: il est tout à fait exceptionnel, me disait l'Administrateur des jardins, qu'une observation soit faite sur l'objet ou le chiffre d'une dépense.

Le véritable contrôle pour le corps administratif et scientifique de Kew, c'est l'ensemble des services publics métropolitains et coloniaux qui suit leurs travaux, c'est par-dessus tout le Parlement, qui porte à l'Institut une grande sollicitude (1).

Le savant Directeur de Kew me traduisait ce sentiment en ces termes : « Si Kew, me disait-il, cessait de rendre les services qu'on attend de lui, il verrait le Parlement refuser les crédits qu'il vote chaque année en notre faveur. C'est là notre véritable et plus efficace contrôle. »

(1) Nous indiquerons plus loin le point de départ du haut contrôle et de la sollicitude du Parlement pour les jardins de Kew. Nous en trouvons un témoignage dans les paroles suivantes du Secrétaire d'État pour les Colonies, à la séance de la Chambre des Communes du 9 août 1897. A l'occasion d'une pétition déposée sur le bureau du Parlement, demandant que les jardins fussent ouverts au public à une heure plus matinale, le Ministre s'exprimait ainsi : « Nous sommes justement fiers de ces jardins qui ont droit à tout l'appui du Parlement en leur qualité de grand établissement scientifique. Comme Secrétaire des Colonies, j'ai été et suis encore en relations constantes avec Kew, en ce qui concerne la culture de toute espèce de plantes, et je n'hésite pas à dire que quelques-uns des plus grands perfectionnements apportés dans certaines colonies sont dus presque entièrement aux avis et à l'assistance reçue de Kew. »

C'est, croyons-nous, à cette sorte d'indépendance, et aux traditions qu'elle a perpétuées que Kew est en grande partie redevable de l'esprit d'initiative et de la cohésion qui distinguent son corps administratif et scientifique, de l'intensité d'activité qu'on remarque dans tous les services. Dans ce personnel de 172 administrateurs ou employés, malgré l'opulent budget que nous connaissons, on ne pourrait citer une seule sinécure. Du Directeur au dernier employé, tout le monde travaille beaucoup (1). Rien ne revêt à Kew l'apparence administrative ni luxe ni seulement confort dans les bureaux des fonctionnaires même les plus élevés, et chez eux, l'extérieur le plus simple, l'abord le plus facile e. un accueil bienveillant, dès qu'il s'agit d'un intérêt réel.

Je me suis constamment tenu en garde, dans mes visites à Kew, contre une prédisposition assez commune chez nous, à admirer de confiance les institutions de l'étranger. Si néanmoins les impressions que j'en ai rapportées et que je consigne fidèlement paraissaient trop uniformément élogieuses, je puis affirmer qu'elles n'approchent pas des louanges que donnent aux hommes et aux choses de Kew les Français qui y ont été attachés ou s'y trouvent à cette heure même comme élèves-jardiniers, et qui ont pu s'initier ainsi aux moindres détails de l'organisation et du fonctionnement de ce grand établissement botanique.

§ 3

Après avoir, dans les pages qui précèdent, en quelque sorte, décomposé l'organisme de Kew et montré le fonctionnement de ses divers rouages, il nous sera plus aisé d'étudier de près sa mission coloniale. Cette mission, il la tient non seulement des traditions que nous avons signalées, elle lui a été, en outre, officiellement confirmée par les pouvoirs publics. En 1841, en effet, lorsque les jardins devinrent propriété nationale, le Parlement, pénétré de l'influence utile qu'ils avaient exercée sur le développement économique des colonies, voulut en consacrer la suprématie et imposa à Kew le devoir d'être l'autorité prépondérante, dans toutes les parties de l'empire britannique, en ce qui concernait la science botanique. Cette mission, nous avons déjà dit comment elle est comprise à Kew. La préoccupation qui y domine est d'utiliser les recherches, les progrès les découvertes de la science en vue du développement des intérêts économiques. C'est ce que M. Thiselton Dyer résumait en ces mots :

(1) Indépendamment de leurs occupations administratives, la plupart des fonctionnaires de Kew se livrent à des travaux personnels, dont le catalogue des publications de l'établissement permet d'apprécier l'importance. Nous y relevons, pour la seule année 1893, 63 monographies ou articles dus au Directeur, au Sous-Directeur, aux administrateurs de l'herbarium, des jardins et des musées, et parus en dehors des publications normales de Kew.

« Notre but essentiel, notre préoccupation dominante, me disait-il, est d'aider, de développer le commerce. » Et comme l'agriculture est la base du commerce et que le commerce colonial est la source principale du trafic du Royaume-Uni, Kew, en travaillant à la prospérité des cultures coloniales, développe véritablement le commerce et enrichit la nation.

En parcourant les divers services des jardins, nous avons plus d'une fois déjà entrevu comment s'exerce l'action coloniale de Kew, mais elle est si incessante et variée qu'on ne saurait faire entrer toutes ses manifestations dans une formule unique. Nous la définirons donc en la ramenant à quatre fonctions principales :

1° Kew réunit et sélectionne pour les propager dans les colonies anglaises les nouvelles espèces et les meilleures variétés de plantes économiques. C'est un entrepôt et un centre d'approvisionnement pour les cultures coloniales ;

2° Kew fournit ou procure aux colonies des botanistes et des jardiniers pour leurs services publics, des chefs de culture pour les exploitations particulières. C'est un centre d'enseignement et de recrutement pour le personnel des cultures coloniales;

3° Kew renseigne et éclaire les colonies sur tout ce qui intéresse la botanique et les cultures exotiques. C'est un office général d'informations pour l'agriculture coloniale ;

4° Kew enfin imprime aux colonies anglaises une impulsion et une direction méthodique en ce qui concerne les cultures coloniales. C'est, à cet égard, comme nous l'avons dit, l'autorité suprême pour tout l'empire britannique.

Pour achever de définir l'action coloniale des jardins de Kew, il faut ajouter (et ce n'est pas son trait le moins original) qu'elle s'exerce la plupart du temps d'une manière indirecte et par des intermédiaires qu'aucun lien administratif ne rattache d'ailleurs à Kew, sur lesquels il n'a qu'une autorité morale : ce sont les jardins d'essai des colonies.

Kew n'a effectivement aucun droit de contrôle sur ces établissements, et néanmoins ses fonctionnaires sont régulièrement consultés pour ce qui leur est relatif; et cette intervention est si complètement acceptée par les gouvernements coloniaux qu'on a pu dire que de toute façon la création et le développement des établissements botaniques coloniaux de l'empire britannique étaient dus presque entièrement à l'influence des autorités de Kew.

Il est donc indispensable, pour nous rendre exactement compte de l'action coloniale de Kew, d'indiquer très sommairement l'organisation et le fonctionnement des jardins d'essai des colonies anglaises.

Au début, ces jardins étaient de simples lieux d'agrément ou destinés à l'étude de la botanique scientifique. C'est sous l'influence de

Kew qu'ils se sont progressivement transformés en centres d'études et d'essais pour la culture des plantes économiques et la préparation de leurs produits. Ces institutions jouent, en un mot, au profit de l'agriculture coloniale, le rôle bienfaisant que les stations agronomiques et les champs d'expérience ont rempli en France à l'égard de l'agriculture métropolitaine.

Leur rôle est trop bien connu pour qu'il soit nécessaire de l'analyser en détail.

Il suffit de dire qu'ils ont pour mission :

1° De fournir aux planteurs des pieds de café, de cacao, etc. etc., d'une façon générale de toute plante de grande culture, d'espèces convenablement choisies, ce qui nécessite des pépinières et des champs d'expérience;

2° De leur fournir tous les renseignements dont ils peuvent avoir besoin, sur le sol, le climat, l'adaptation de telle ou telle espèce, les procédés de culture, la préparation des produits, etc., ce qui exige à la fois des démonstrations pratiques, un laboratoire, un enseignement agricole et une volumineuse correspondance.

Les établissements de ce genre existent en grand nombre dans les colonies anglaises, et ils se répartissent en trois catégories :

1° Les départements botaniques, dont le siège est près du gouvernement colonial et qui se ramifient en de nombreux jardins botaniques disséminés dans la colonie. Un département botanique occupe ordinairement de 500 à 250 hectares et nécessite une dépense de 75 à 150.000 francs. Il a d'importantes annexes : laboratoires, musées, publications, champs d'expérience. Il existe un département botanique à Calcutta, Madras, Ceylan, Maurice, etc.

2° Les jardins botaniques sont de moindre importance; leur étendue n'excède pas en général 25 hectares. Leurs dépenses varient entre 25 et 75.000 francs. L'Inde en compte un grand nombre; il y en a, en outre, à Hong-Kong, Port-of-Spain (Trinidad), Demerari (Guyane anglaise) (1).

3° Avant 1886, les colonies britanniques ne possédaient que les deux types d'institutions botaniques dont nous venons de parler. C'est à l'intervention des fonctionnaires de Kew qu'est due l'inauguration à cette époque d'un troisième type, encore plus modeste, mais qui s'est rapidement multiplié : la station botanique. C'est l'institution primitive par excellence, que son peu d'étendue (12 à 15 hectares), la simplicité de son installation et la modicité de son budget (8 à 20.000 francs) permettent d'installer dans les colonies les plus récentes ou d'importance restreinte, et qui est pour elles l'organisme le plus indispensable, l'instrument de leur transforma-

(1) Voir un très intéressant rapport sur ces deux établissements, par M. LANDES, professeur au lycée de la Martinique (*Revue des Cultures coloniales*, t. II, p. 7.)

tion et de leur progrès économique. La station botanique (1) est
essentiellement un jardin d'essai et d'expérimentation. Son unique
objet est de constituer et d'entretenir des pépinières pour la distribution des plantes économiques aux colons. Le chef est un jardinier
possédant des connaissances variées et homme d'initiative, qui dé-
bute avec un traitement de 4 à 5.000 francs. Les stations botaniques
sont nombreuses aujourd'hui aux Indes Occidentales anglaises et à la
côte occidentale d'Afrique.

C'est cet ensemble d'établissements botaniques que domine Kew,
qu'il approvisionne, renseigne, dirige, et dont il est en même temps
le trait d'union.

C'est Kew qui fournira aux stations nouvellement créées les éléments premiers de leurs pépinières et de leurs champs d'expérience,
qui introduira dans la colonie récemment acquise les végétaux qui
font la richesse des anciennes possessions.

C'est Kew que le *Colonial Office* consultera sur les nominations à
faire, auquel il demandera même des jardiniers, pour constituer le
personnel des jardins coloniaux.

C'est Kew, enfin, qui, centralisant toutes les informations et observations émanant des jardins d'essai, grâce à ce vaste système
d'informations et aux nombreux savants qu'il s'est attachés, sera à
même d'étudier et de résoudre toute question du domaine de la
botanique générale, de la chimie agricole, de la pathologie végétale,
susceptible d'intéresser l'agriculture des colonies ; qui procédera à
des enquêtes ; signalera, recommandera, prescrira même l'application de nouveaux procédés, de nouvelles méthodes, dans l'intérêt
des cultures coloniales.

Ainsi les institutions botaniques des colonies anglaises ne sont
pas des établissements isolés, livrés à leurs seules forces; ce sont,
comme on l'a dit justement, les branches d'un immense service agricole, dont la direction est à Kew et dont les ramifications s'éten-
dent dans tout l'empire britannique (2).

Pour achever de faire complètement saisir l'assistance que les jardins de Kew prêtent aux cultures coloniales, nous allons montrer
comment elle s'est exercée pour les principales de ces cultures, le
quinquina, le café, le thé, le caoutchouc, etc.

Quinquina. — L'introduction du quinquina de la Cordillère des
Andes dans les colonies britanniques fut d'abord entreprise par le
gouvernement des Indes, qui envoya en Amérique un botaniste et des
jardiniers, pour collecter des plants de ce végétal. Après les premiers essais de transport de ces plants aux Indes, l'œuvre fut conti-

(1) La *Revue des Cultures coloniales* (t. I, p. 347) a publié une notice sur la
station botanique de Sierra-Leone, qui a été créée en 1895.
(2) Saussine. *Les stations botaniques des Antilles.*

nuée avec la collaboration des jardins de Kew. Ils fournirent d'abord des jardiniers chargés de recueillir les plants, de les emballer et de les rapporter à Kew. Une serre y fut spécialement aménagée pour les recevoir : on les y soignait et mettait en état d'être transportés, sous la surveillance d'un jardinier, de Kew à Ceylan, où les premiers plants arrivèrent en 1862, et d'où ils furent ensuite répartis dans les Indes anglaises.

En même temps, on instituait à Kew une série d'analyses pour déterminer la richesse respective en quinquina des diverses variétés et en opérer la sélection, afin de n'introduire et de ne propager que les variétés les plus avantageuses. En dernier lieu enfin, en 1882, Kew faisait procéder à l'établissement d'une classification de cette espèce végétale.

Café. — Dans la culture du café, l'action de Kew a été plus étendue encore; elle s'est manifestée le plus apparemment et ses résultats ont été particulièrement sensibles dans la lutte contre les maladies qui détruisirent les plantations de café à Ceylan et aux Indes, et qui ont envahi, depuis, tout le bassin de l'océan Indien.

Dès qu'on signala, en 1862, l'apparition de la maladie, Kew en entreprit l'étude. — Un questionnaire fut rédigé par l'administration et adressé à tous les producteurs de café des régions contaminées. Les réponses furent étudiées et un rapport élaboré et publié par l'administration : il établissait que l'on se trouvait en présence de sept maladies différentes. Un botaniste de Kew fut alors détaché à Ceylan pour étudier ces maladies et rechercher les moyens pratiques de les combattre. Mais ses rapports, qui furent publiés, ayant constaté l'inefficacité de tous les remèdes expérimentés et conclu à l'impossibilité d'enrayer la maladie, les autorités de Kew entreprirent alors d'introduire dans les régions dévastées la variété de café, dite de Liberia, originaire de la côte occidentale de l'Afrique, variété qui résistait aux maladies. De 1874 à 1876, Kew procéda à une immense distribution de graines, de sauvageons, en même temps que de plants obtenus de semis dans les serres de forçage, qui furent expédiés en caisses Ward dans les colonies infestées, Ceylan, Indes, Singapoor, Seychelles.

En même temps Kew faisait procéder, dans les pays d'origine du café Liberia, à une enquête étendue sur les propriétés de cette variété, ses avantages sur le café d'Arabie, sa résistance aux maladies, sa productivité, ses conditions d'habitat, etc., et les résultats de cette enquête furent consignés dans un rapport.

Kew a donc, dans cette circonstance, poursuivi un triple but :

1° Obtenir des rapports circonstanciés sur la nature de la maladie;

2° Rechercher les mesures propres à préserver les anciennes cultures de café ;

3° Propager de nouvelles espèces dont la résistance à la maladie avait été éprouvée.

Cet exemple nous révèle très complètement le mode d'action de Kew en matière de cultures coloniales, car la méthode suivie peut être généralisée et appliquée à toute autre espèce de cultures.

Thé. — L'introduction de la culture du thé à Ceylan et aux Indes a procédé du même point de vue : là encore, il s'agissait de substituer une culture nouvelle aux anciennes cultures (café et quinquina) qui périclitaient.

Après la destruction des plantations de café et la dépréciation du quinquina produite par l'extension de cette culture à Java, les autorités de Kew recommandèrent de revenir à la culture du thé qui avait été précédemment essayée, et elles envoyèrent des jardiniers pour aider les colons à l'organiser. L'assistance que Kew a prêtée, ensuite, au développement de cette culture, a un caractère très général et les détails en sont difficilement accessibles.

Il nous suffit d'avoir montré que c'est de Kew qu'est partie l'impulsion qui a donné naissance aux admirables cultures de thé de Ceylan et de l'Assam. Elles constituent un des faits économiques les plus remarquables de la colonisation moderne, et que résume le rapprochement suivant : en 1873, Ceylan n'exportait en Angleterre que 23 livres de thé, la Grande-Bretagne était tributaire de la Chine pour cet article. Or, en 1895, elle a consommé 221.800.137 livres de thé, représentant une valeur de 92.417.825 francs et provenant :

Indes anglaises	116.343.314 livres
Ceylan	74.023.809 —
Chine	26.201.374 —
Autres pays	5.231.640 —

On peut prévoir qu'avant deux ans l'Angleterre tirera de ses colonies tout le thé nécessaire à sa consommation.

Caoutchouc. — Enfin, l'histoire de l'introduction aux Indes des plus intéressantes variétés de caoutchouc est pour nous des plus suggestives.

Tandis que nous entreprenons, en 1898 (mission Bourdarie), d'introduire dans nos colonies les variétés du Brésil et de l'Amérique centrale, Kew, dès 1873, avait expédié à Calcutta des caisses de plants et boutures de ces végétaux. En 1876, Kew recevait de l'Amazone 70.000 graines d'Hevea (caoutchouc du Para), dont on ne put faire germer dans les serres de forçage que 3 à 4 pour 100. On obtint ainsi environ 2.000 plants, dont 1.900 furent expédiés à Ceylan, puis répartis dans les Indes.

La même année, Kew y introduisait également le Castilloa (caoutchouc de Panama), aujourd'hui presque inconnu dans nos colonies, et le Manihot Glaziovii (caoutchouc de Ceara), que nous possédons depuis quelques années au Gabon, qu'on s'est récemment préoccupé de propager au Sénégal, à Madagascar, en Nouvelle-Calédonie.

Kew a depuis longtemps déterminé les zones convenant à ces diverses espèces, tandis que nous tâtonnons encore à cet égard. Elles ont, il est vrai, inégalement prospéré dans les colonies anglaises; néanmoins, dès 1882, le Directeur de Kew possédait des échantillons des trois variétés, récoltés aux Indes, et pouvait écrire : « La tâche entreprise par l'Office des Indes a été couronnée d'un plein succès. Un stock de caoutchouc provenant des trois plus importantes espèces de caoutchouc de l'Amérique du Sud a été introduit en Orient, et il est maintenant établi qu'ils sont capables de donner, sous le climat des Indes, des produits qui ne sont pas inférieurs à ceux de leur pays d'origine. »

Un fait tout récent, dans cet ordre de cultures, atteste la promptitude de Kew à introduire dans les colonies les nouvelles plantes utiles. On a, depuis peu, préconisé la culture des Landolphia (1), lianes à caoutchouc, qui fournissent un produit estimé. Or, cette année même, Kew a pu expédier en grand nombre dans les colonies anglaises des plants et boutures de ces lianes.

Un dernier fait, tout d'actualité, achèvera de montrer l'autorité de Kew s'exerçant d'une façon plus immédiate encore, comme Haute Direction de l'agriculture coloniale.

Les Petites Antilles anglaises traversent depuis quelques années une crise agricole intense. — Le *Colonial Office*, pour y remédier, va faire appel à l'assistance de Kew, dont l'un des plus distingués fonctionnaires, le Dr Morris, Sous-Directeur des jardins, se rendra incessamment aux Antilles pour y combattre les causes de la crise, rechercher et appliquer les mesures nécessaires pour transformer les cultures locales et relever la situation économique de ce groupe de possessions anglaises. A cet effet, le Dr Morris sera investi d'un titre analogue à celui de Superintendant (Directeur général d'un département botanique). Un émolument élevé (25.000 fr.) lui sera alloué et un yacht mis à son service pour visiter tous les points de l'archipel placés sous son contrôle (2).

C'est bien là une preuve manifeste de la suprématie effective de Kew en matière de botanique coloniale, suprématie que fortifient chaque jour les services que ce grand établissement rend aux colonies anglaises.

(1) Voir notamment « Les cultures de caoutchouc coloniales », par le Dr HECKEL (*Revue des Cultures coloniales*. t. II, p. 102).

(2) Depuis ma dernière visite à Kew, où ces renseignements m'avaient été donnés, le Parlement a été appelé à voter les crédits nécessaires à la nouvelle organisation. M. le Dr Morris a reçu le titre de *commissaire impérial*, et en cette qualité il ne dépendra pas des gouvernements des différentes îles; il relèvera directement du Colonial Office. Il résidera à la Barbade.

Nous pourrions en multiplier les exemples, si ceux que nous avons cités ne devaient suffire. — Nous y ajouterons seulement l'appui d'un témoignage d'une valeur considérable, car il émane d'un homme ayant rempli la plus haute fonction de l'empire colonial britannique, du marquis de Ripon, ancien vice-roi des Indes, qui, en mai 1896, portait sur les jardins de Kew ce jugement singulièrement précis et probant :

« Une grande somme de travail, disait-il, a été réalisée et l'on continue à marcher, grâce surtout à l'impulsion qui est donnée par M. W. T. Thiselton Dyer, Dr Morris et autres assistants de l'œuvre coloniale ; ils contribuent puissamment à aider les colonies dans l'introduction des nouvelles plantes et dans la culture et le développement de celles que l'on trouve croissant naturellement dans ces colonies. De quelque côté que l'on dirige ses regards, on ne voit que progrès. En Afrique Occidentale, aux Indes Occidentales, aux Indes proprement dites, à Ceylan, des progrès très satisfaisants ont été réalisés. Un des grands travaux accomplis par Kew a été l'introduction de la méthode, en matière botanique, dans les colonies. Il n'était pas facile de faire apprécier les travaux des hommes de Kew à ceux dont les produits dépérissaient, leur mission étant d'introduire de nouvelles plantes pour remplacer les anciennes ou tout au moins les suppléer. En dépit de l'opposition, un grand pas a été fait pour établir de nouvelles cultures, développer de nouvelles industries, et cela par l'intervention de ceux qui s'étaient dévoués et mis en avant pour cette cause, au nom de Kew. »

II

UTILITÉ D'UN SERVICE CENTRAL EN FRANCE

POUR LES JARDINS D'ESSAI DES COLONIES. — ESQUISSE

DE SON ORGANISATION

§ 1

Une récente circulaire ministérielle sur la colonisation agricole a mis en lumière, d'une façon saisissante, l'infériorité de notre production coloniale et la nécessité de développer dans nos possessions la culture des produits que nous devons actuellement tirer de l'étranger. Or, pour faciliter la création d'exploitations agricoles, il faut mettre, sur place, à la portée des colons, d'abord les plants nécessaires à l'établissement des cultures, en second lieu des renseignements et des conseils expérimentés pour l'aménagement et l'entretien des plantations.

Les Anglais, nous venons de le voir, ont créé dans ce but :

1° De nombreux services locaux : départements, jardins, stations botaniques ;

2° Et un service central qui les relie, les inspire, les dirige : l'institut botanique de Kew.

Chez nous, il n'a pas été aussi complètement pourvu à ces besoins. De bonne heure, les administrations coloniales ont, il est vrai, reconnu l'utilité des jardins botaniques et de louables et utiles efforts ont été faits pour en doter nos colonies; mais ces créations ont été trop souvent réalisées sans plan d'ensemble, en dehors d'une conception méthodique, au gré des administrations locales et d'après le degré d'intérêt qu'elles portaient aux cultures coloniales, le degré d'activité et d'intelligence des agents préposés à leur direction.

Nos jardins coloniaux sont loin, d'ailleurs, d'égaler en nombre et en importance les institutions similaires anglaises. Deux ou trois colonies seulement en possèdent plus d'un ; dans quelques autres, ils sont seulement projetés. La plupart du temps ils correspondent à peine, comme superficie, outillage, personnel et budget, au type le plus modeste des institutions coloniales anglaises : la station botanique. — Seul, le Gouvernement de l'Indo-Chine possède actuellement un véritable Département botanique, pourvu des annexes : laboratoire, publications, qui font défaut partout ailleurs.

Les services que rendent ces établissements sont, dès lors, très inégaux. Certains d'entre eux sont bien plutôt des jardins d'agrément que des champs d'expérience. — Parmi les autres, il convient de mettre à part le jardin d'essai de Libreville, le plus riche en végétaux économiques et l'un des plus intelligemment dirigés, qui, grâce à ses abondantes pépinières, distribue libéralement aux colons et indigènes des graines et des plants des principales plantes de grande culture : café, cacao, vanille, caoutchouc, etc. Mais, dans les autres jardins, de création plus récente ou moins favorisés comme budget ou direction, il y a pénurie de plantes, parce qu'il faut la plupart du temps se les procurer au dehors, non sans grandes difficultés et grands frais. Il faut faire venir les meilleures variétés de caoutchouc, de l'Amérique du Sud, le café de Liberia résistant aux maladies, de la côte occidentale d'Afrique, les meilleures variétés de cacao, des Antilles et de l'Amérique centrale. Or, beaucoup de ces graines perdent rapidement leur faculté germinative, on ne saurait les transporter du bassin de l'Atlantique dans l'océan Indien ; il est nécessaire, comme nous l'avons vu faire à Kew, pour les graines d'Hevea, d'en obtenir des plants, qui sont expédiés ensuite aux colonies. Comment des établissements isolés, disséminés sur tout notre domaine colonial pourraient-ils entreprendre des opérations de ce genre sans le secours d'un intermédiaire?

Actuellement, ils ont recours au Muséum de Paris, à l'Institut Colonial de Marseille, à la villa Thuret d'Antibes, aux services desquels il est juste de rendre hommage ; mais les ressources de ces établissements sont limitées, et nombre de nos jardins coloniaux, insuffisamment approvisionnés d'espèces de grande culture, ne sont pas à même de satisfaire aux demandes sans cesse croissantes.

Aussi les planteurs sont-ils obligés de recourir à des établissements particuliers (1), et le Ministère lui-même a dû s'y adresser, pour introduire le caoutchouc du Para dans certaines de nos colonies de l'Afrique Occidentale (mission Bourdarie). Mais la nécessité pour les colons de venir acheter en France et de transporter dans les colonies les graines ou plants nécessaires à leurs plantations entraîne pour eux des dépenses, des retards, des aléas, que les jardins coloniaux ont pour mission essentielle et qu'ils devraient être en mesure de leur épargner, et qui sont cause de beaucoup d'hésitations, de tâtonnements et même d'insuccès.

N'est-il pas manifeste que la création d'un centre d'approvisionnement pour nos jardins d'essai apporterait une première assistance des plus efficaces au développement de la colonisation agricole ?

Nos jardins coloniaux n'éprouvent pas moins de difficultés à procurer aux colons des renseignements et des conseils expérimentés pour l'établissement de leurs cultures. La plupart de nos colonies sont au début de la colonisation agricole et leurs jardins botaniques, de création récente : il n'existe donc pas encore d'expérience locale, qui puisse guider les planteurs. — C'est au dehors qu'il faut demander cette expérience, et surtout à l'étranger, aux pays qui ont perfectionné le plus les méthodes de culture, d'entretien, de récolte et de préparation : à Java et au Brésil pour la culture du café, à Ceylan et aux Indes pour celle du thé, à Sumatra et à Cuba pour la culture du tabac, etc. Mais, comme pour les plantes, des établissements isolés, disséminés, sans trait d'union, ne sauraient obtenir et concentrer aisément des informations parfois éparses dans de nombreuses publications, parfois réunies dans des ouvrages d'un prix élevé. Parviendraient-ils à les rassembler, elles resteraient souvent inutilisées, faute de pouvoir être traduites.

Quant aux ouvrages et publications françaises sur la matière, ils sont en petit nombre. Notre bibliothèque des cultures coloniales est des plus restreintes, et, en fait de périodiques, il n'existait il y a moins de deux ans que le recueil des *Annales de l'Institut botanique de Marseille*.

(1) En particulier à la maison Godefroy Lenœuf, qui, grâce à l'expérience et à l'activité de son chef, a pu, dans le cours de cette année, livrer près de 200,000 plants et près de 700,000 graines de végétaux économiques.

C'est cette pénurie d'informations et les besoins manifestes des colonies qui ont inspiré la création récente de la *Revue des Cultures coloniales* et du service de renseignements qui y est annexé. Qu'il me soit permis de dire que l'accueil dont elle a été honorée par les Administrations locales et les Directeurs des jardins botaniques, qui sont devenus ses meilleurs correspondants et collaborateurs, est la meilleure preuve de l'insuffisance des moyens dont ces derniers disposaient pour remplir leur rôle de guides et de conseillers des planteurs.

La très modeste initiative dont je viens de parler ne peut prétendre avoir comblé cette lacune. — L'exemple de l'Institut de Kew nous a montré quelle ampleur peut acquérir et quels services peut rendre un centre d'informations et de direction pour les établissements botaniques des colonies. Nous avons vu Kew investi d'une mission officielle, d'une autorité incontestée, grâce à laquelle ses avis sont acceptés, ses directions suivies, et une impulsion méthodique préside à la mise en valeur du sol colonial. N'est-il pas permis de conclure de ce qui précède que l'organisation d'un centre analogue d'approvisionnement et d'informations s'impose en France comme une des premières nécessités de la colonisation agricole et un des premiers soucis de ceux qui comprennent son rôle capital dans la mise en valeur de notre domaine d'outre-mer?

Cette nécessité avait si vivement frappé un groupe d'hommes dévoués à l'œuvre coloniale, qu'ils avaient conçu de réaliser ce projet par l'initiative privée. Mais ils durent abandonner ce premier projet devant la difficulté de lui assurer des ressources suffisantes, sans lui donner un caractère commercial. Depuis lors, la munificence d'un habitant de Nantes a permis d'en reprendre l'étude (1). L'éventualité de sa réalisation ne saurait amoindrir l'utilité de la création à Paris de l'organisme dont nous venons de parler; elle

(1) Au mois de février dernier, un négociant nantais, M. Durand-Gasselin, informait le Préfet de la Loire-Inférieure qu'il mettait à sa disposition : 1° un domaine sis aux portes de Nantes, d'une valeur de 400.000 francs, et une somme de 300.000 francs, pour la création d'une école d'horticulture ; 2° un million de francs pour la construction de serres destinées aux cultures coloniales et pour l'aménagement du domaine. L'*Union coloniale française* fut consultée par le donateur et des personnalités influentes du Département, et, sous son inspiration, la Chambre de Commerce et le Conseil municipal de Nantes émirent des vœux en conformité desquels le Conseil général de la Loire-Inférieure, dans sa séance du 26 août dernier, a manifesté l'intention de donner dans l'établissement projeté une part prépondérante à l'enseignement des cultures coloniales. Il a nommé une Commission chargée de lui présenter un projet, après avoir visité diverses institutions étrangères et, en particulier, l'Institut botanique de Kew et le collège colonial de Hollesley Bay. Nous donnons aux annexes la délibération de la Chambre de Commerce de Nantes.

l'accroîtrait, au contraire, en devenant pour lui un auxiliaire précieux (1).

Paris offre, du reste, pour cette création, un ensemble d'éléments, de ressources, de concours, en un mot d'avantages, que l'on chercherait vainement ailleurs.

L'institution aurait à sa portée les collections, les laboratoires, les bibliothèques des établissements scientifiques ou d'utilité publique, tels que le Muséum, le Collège de France, les Facultés des sciences et de médecine, l'Institut agronomique, la Société nationale d'Agriculture, la Société et le Jardin d'Acclimatation.

Elle se trouverait au centre où convergent les explorateurs, les fonctionnaires coloniaux de tout ordre, les agents des maisons de commerce et des exploitations agricoles de nos colonies, les chefs de missions envoyés à l'étranger ou aux colonies par les divers départements (Colonies, Instruction publique, Commerce), enfin, nos représentants à l'étranger. L'établissement, ayant dès lors les plus grandes facilités pour entrer directement en rapport avec tous ces fonctionnaires et agents, concentrerait les informations recueillies par eux, se les attacherait comme correspondants, et obtiendrait fréquemment leur concours pour recueillir, aux colonies ou à l'étranger, des graines, des plantes utiles, des produits, pour obtenir des renseignements, et même pour surveiller, en cours de route, les envois qui lui seraient faits ou ceux qu'il expédierait outre-mer.

L'institution se trouverait également au siège même des administrations publiques, des consulats étrangers, des grandes compagnies de navigation, des associations coloniales qui, dans maintes circonstances, pourraient lui prêter une précieuse assistance. Il lui serait possible de communiquer aisément avec les services du Ministère des Colonies, avec lesquels ses rapports devraient être incessants. Enfin, l'Administration coloniale aurait toutes facilités pour suivre attentivement la marche et contrôler la gestion d'un établissement qu'elle seule est en mesure de créer et de faire vivre.

§ 2

Elle peut le créer, croyons-nous, sans avoir à s'imposer de grands sacrifices.

Il ne saurait s'agir, en effet, de constituer, de toutes pièces, un ensemble d'organismes comparable aux jardins de Kew. De pareilles institutions sont l'œuvre du temps. Nous avons vu successivement

(1) Au point de vue de la réception, de l'hospitalisation des plantes exotiques expédiées des colonies, de même que pour l'expédition et la mise à bord des envois qui y seraient faits, l'établissement de Nantes serait appelé à rendre de fréquents services.

naître et grandir les divers rouages de Kew; leur ensemble correspond aujourd'hui à un perfectionnement très avancé de la colonisation dans l'empire britannique. Nous sommes, au contraire, en France, au début de la colonisation agricole, et pour parer aux besoins immédiats que nous signalions plus haut, il ne serait nécessaire ni de services compliqués ni d'un nombreux personnel.

Avant tout, nos jardins coloniaux ont besoin d'être approvisionnés de plantes de grandes cultures, afin de créer des champs d'expérience et des pépinières où les colons puissent se procurer des plantes et des graines en quantité suffisante pour l'établissement de leurs cultures. C'est par les serres de forçage que Kew a pourvu à ce besoin. Le premier organisme à créer consisterait donc en une ou plusieurs serres semblables à celles dont nous avons décrit le plan et montré le fonctionnement.

A ce service d'approvisionnement devrait être annexé un service de renseignements, qui aurait mission de procurer aux jardins coloniaux les informations, les avis, les conseils, qui leur font trop souvent défaut pour imprimer aux cultures coloniales une direction méthodique et rationnelle. A plusieurs reprises, au cours de ce rapport, nous avons pu entrevoir l'étendue et la variété des études que comporte un pareil service. Son action s'exercerait sous deux formes principales: par un échange suivi de correspondances avec les établissements botaniques des colonies; par la diffusion au moyen des publications officielles ou particulières (*Revue Coloniale*, Journaux officiels des Colonies, etc.), des renseignements et études utiles à vulgariser.

Son importance, son autorité, son utilité dépendraient d'ailleurs essentiellement de l'activité et des capacités qui présideraient à sa direction. L'œuvre vaudrait surtout par l'homme qui serait appelé à l'organiser. A Kew, nous l'avons vu, on exige que tous les fonctionnaires du corps administratif aient séjourné aux colonies; il serait non moins essentiel pour la bonne marche d'un tel service que son directeur possédât l'expérience pratique des cultures coloniales. Elle contribuerait grandement à attirer autour de lui de jeunes botanistes, de jeunes horticulteurs ou jardiniers, et à provoquer la création d'un centre d'études et d'enseignement de ces cultures.

C'est ainsi qu'ont procédé les Allemands dans la création de l'annexe coloniale du jardin botanique de Berlin. Cette annexe consiste en deux serres de forçage consacrées à la reproduction des plantes tropicales destinées à être distribuées dans les colonies; leur construction n'a coûté que 6.000 marks (7.250 francs). Elles sont placées sous la direction d'un assistant du Muséum de botanique et ont, pour tout personnel, un jardinier et un ouvrier.

Elles ont suffi néanmoins à assurer la création des trois jardins coloniaux de Dar-es-Salam, du Haut-Usambara et de Victoria (1).

Nos établissements coloniaux sont en plus grand nombre et réclameraient sans aucun doute des approvisionnements plus considérables. Il s'agirait de proportionner à leurs besoins les dimensions et par suite la force de production des serres de multiplication. Néanmoins, réduite à ses débuts au double objet que nous venons d'indiquer, l'institution pourrait vivre avec un modeste budget; elle devrait attendre des services rendus, des résultats acquis le développement de ses rouages et de ses ressources.

C'est au Département des colonies, qui a charge des destinées de nos possessions, que semble revenir de droit l'honneur et incomber le devoir de les doter d'une telle institution, indispensable à leur développement économique.

On peut la concevoir sous plusieurs formes : annexée à un établissement public déjà existant; constituée en service public nouveau ; organisée comme établissement d'utilité publique. L'examen des mérites respectifs de ces diverses solutions excéderait visiblement l'objet de ce rapport, et il ne conviendrait pas d'aborder ici une étude dont l'initiative ne peut appartenir qu'à l'Administration coloniale elle-même. Ma tâche était plus modeste et je la croirais remplie si j'avais réussi, dans les pages qui précèdent, à démontrer l'urgente nécessité et les avantages considérables que les colonies françaises retireraient du service que je me suis borné à esquisser. De nombreuses et éminentes personnalités du monde colonial ont déjà reconnu et proclamé l'utilité d'une pareille création: elles sont profondément convaincues que le Ministre des Colonies qui la réaliserait attacherait définitivement son nom à une œuvre féconde pour la prospérité de notre domaine colonial.

Veuillez agréer,

Monsieur le Ministre,

l'hommage de mon profond respect.

A. Milhe-Poutingon.

Paris, le 30 septembre 1898.

---

(1) Le *Journal officiel du Congo français* a publié (n° du 1ᵉʳ mai 1898) un très intéressant rapport de M. Chalot, directeur du jardin d'essai de Libreville, sur une visite faite par lui au jardin d'essai de Victoria, dont il signale la prospérité.

ANNEXE I

Vœu émis par la Chambre de Commerce de Nantes dans sa séance du 18 mars 1898, en faveur de la création, à Nantes, d'un Institut agricole colonial.

La Chambre de Commerce :

Considérant que M. Durand-Gasselin a informé dernièrement M. le préfet de la Loire-Inférieure qu'il mettait à la disposition du département le domaine du Grand-Blottereau, situé à proximité de Nantes, et une somme de 1.300.000 francs pour l'édification et l'aménagement d'une École d'horticulture française et coloniale ;

Considérant que, sans méconnaître les avantages qui peuvent résulter de la création d'une École d'horticulture française, la Chambre de commerce de Nantes estime que la partie réservée à l'horticulture coloniale est particulièrement à même de rendre de signalés services, non seulement à la ville de Nantes, mais encore au département de la Loire-Inférieure et à toute la région de l'Ouest, qui aurait ainsi l'honneur de fonder la première école capable de mettre à la portée de toutes les bonnes volontés, les éléments nécessaires à toute tentative d'expansion et de mise en valeur de nos possessions éloignées ;

Considérant qu'un enseignement de ce genre répondrait à une véritable nécessité de l'heure présente ;

Que, sans vouloir tracer, dès maintenant, le programme de l'instruction qui pourrait y être donnée, il est aisé de concevoir qu'une éducation première dans la forme théorique avec exemples à l'appui, serait la plus sérieuse garantie des chances de succès de ceux qui devraient la compléter ensuite par l'expérience pratique et l'observation sur place, qui leur serait facilitée par la création de bourses de voyage et la possibilité de trouver près de colons étrangers les renseignements qui leur seraient indispensables ;

Considérant qu'une École coloniale rendrait à la France des services dont on ne peut encore mesurer l'importance ; que le moment est venu de tirer parti du vaste domaine que la France s'est acquis, au cours de ces quinze dernières années ; que les avis des économistes les plus compétents concordent avec les exemples que nous fournissent les peuples colonisateurs et avec l'histoire même de notre cité pour démontrer ce que c'est par la mise en valeur du sol, par le développement des cultures appropriées que nous parviendrons le plus sûrement à créer ou à accroître des éléments de richesse dans notre empire exotique.

3

Mais que chez nous cette œuvre est présentement entravée par l'insuffisance du personnel qui serait nécessaire pour l'accomplir;

Qu'il n'existe, en effet, en France, à l'heure actuelle, aucune institution ayant pour mission de former à la vie coloniale les jeunes gens de plus en plus nombreux qu'elle attire;

Qu'au point de vue agricole, en particulier, il n'existe que deux cours de ces cultures spéciales, tous deux à Paris : l'un destiné à former exclusivement des fonctionnaires, l'autre, il est vrai, professé avec toute la compétence désirable, mais qui, isolé et restreint, d'ailleurs, à un trop petit nombre de leçons, ne saurait constituer à lui seul une préparation complète et suffisante à la carrière coloniale;

Que, dès lors, les jeunes gens désireux de créer une exploitation agricole dans nos possessions lointaines partent de France sans être suffisamment instruits et préparés et, par suite, exposés à des déboires et à des mécomptes;

Qu'il est nécessaire, en effet, avant que le futur colon puisse utilement tirer parti des ressources de toutes sortes qu'il possède, qu'il soit suffisamment préparé tant au point de vue des connaissances techniques indispensables et que l'institut projeté serait à même de lui donner, qu'à celui des qualités physiques qui lui sont également nécessaires pour tirer parti des hommes, des choses et plus particulièrement de lui-même sur qui, tout d'abord, il faut qu'il puisse compter.

Ce sont ces connaissances plus spéciales, mais non moins utiles, que l'éducation pratique donnée par des voyages et des séjours sur les plantations existantes peut seulement mettre à sa portée, complétant ainsi l'éducation du véritable colonisateur.

Considérant que, d'autre part, les capitalistes qui seraient disposés à s'intéresser à des plantations nouvelles, s'en voient éloignés faute de rencontrer des hommes suffisamment compétents et leur inspirant confiance pour la direction de ces entreprises;

Considérant qu'un tel état de choses atteste clairement les services que pourrait rendre un institut agricole, colonial, dans lequel serait organisé un enseignement technique des cultures possibles, complété par un système de travaux pratiques et une éducation spéciale, destinée à tremper le caractère et le tempérament des colons et à les préparer à toutes les éventualités de leur future existence;

Qu'une pareille institution ne tarderait pas à donner un essor puissant au mouvement de la colonisation, en encourageant les vocations, assurant leur réussite et favoriserait, à coup sûr, l'exode vers les colonies des capitaux et des activités;

Que la création de serres et de laboratoires d'études qui en seraient le complément nécessaire permettrait, d'autre part, à cet institut de recueillir, puis de disséminer dans nos colonies, les plantes ou meilleures variétés utiles à propager, comme cela se pratique déjà depuis plusieurs années dans des écoles analogues que possèdent les étrangers ;

Que cet institut ne tarderait pas à devenir, par la force même des choses, un centre scientifique de premier ordre, au point de vue de l'étude de la flore coloniale et de l'acclimatation ;

Considérant qu'il faut également tenir compte du développement commercial qui résulterait forcément pour notre ville d'une pareille création. Il est certain que les colons dont l'éducation se serait faite à Nantes, qui y auraient établi des relations de toutes sortes, se trouveraient tout naturellement dans l'avenir portés à rechercher au siège même de leurs premières études les correspondants commerciaux dont ils auraient nécessairement besoin. Les affaires, en général, ne pourraient qu'y gagner, et nos relations avec les colonies reprendraient une activité qui, depuis plusieurs années, menaçait malheureusement de disparaître ;

Considérant que la ville de Nantes, favorisée par la douceur de son climat, imprégnée des souvenirs d'une prospérité qu'elle dut aux cultures coloniales, et déjà pourvue d'un enseignement supérieur où pourrait se recruter le corps professoral à constituer, serait un véritable siège d'élection pour une institution de ce genre ;

Qu'à ces divers points de vue, la Chambre de Commerce est d'avis qu'une part prépondérante doit être faite à cette institution dans la réalisation de la magnifique libéralité faite par M. Durand-Gasselin et qu'elle sait être sur ce point en harmonie de sentiments avec le généreux donateur,

Pour ces motifs,

La Chambre de Commerce de Nantes,

S'associant aux témoignages de la gratitude publique qu'a déjà provoqués la libéralité de M. Durand-Gasselin,

Émet le vœu :

Que, dans l'exécution du projet auquel elle a été affectée, une part prépondérante soit réservée à l'enseignement colonial ;

Que cet enseignement soit constitué d'une façon absolument distincte indépendamment et séparément de l'École d'horticulture française indigène ;

Qu'il soit enfin doté de tous les organismes et de toutes les branches de connaissances susceptibles d'en faire un véritable institut colonial, agricole, et, facilitant par la création de bourses de voyage les observations et connaissances pratiques, puisse mettre les futurs colons dans les conditions les plus favorables à la réussite de leurs entreprises.

ANNEXE III

Devis de deux serres hollandaises accouplées et d'un pavillon d'entrée.

Les deux serres seront construites en pitch-pin à double vitrage mobile système breveté s. g. d. g. et mesureront 32 m. 90 de longueur sur 2 m. 90 de largeur intérieure des murs.

Elles seront composées chacune de deux versants de couverture, 1 pied-droit, 1 pignon avec une porte à 1 vantail.

Pour relier les 2 serres entre elles : un chéneau en pitch-pin avec pieds en fer.

Elles seront raccordées à l'une des extrémités sur le pavillon.

A l'intérieur, 1 cours de bâche de chaque côté avec pieds et traverses en fer pour recevoir des tuiles non fournies, une cloison intérieure avec porte à 1 vantail dans la serre tempérée. Dans la serre chaude, pour la bâche chauffée, 20 prises d'air à coulisses en fonte.

La ventilation sera faite par 2 chaperons ouvrants dans le comble des serres et par 40 prises d'air en pitch-pin dans les soubassements de mur.

La peinture à 3 couches et la vitrerie en verre 1/2 double des douze mesures du commerce. Le double vitrage en verre 1 2 double, d°.

Pour ombrage, isolateurs avec tringles transversales et longitudinales pour recevoir des claies.

Le pavillon sera construit en pitch-pin à simple vitrage et mesurera 6 m. 30 de longueur intérieure des murs sur 4 mètres de largeur, d°.

Il sera composé de : 2 versants de couverture avec 2 croupes. 2 pignons sans porte, 1 pied droit en façade avec une porte à 2 vantaux, 1 autre pied-droit sur lequel viendront se raccorder les 2 serres hollandaises avec 2 portes à 1 vantail.

Pour ventiler: 6 châssis ouvrants dans le comble ; quatre prises d'air dans le soubassement du mur.

A l'intérieur : 1 cours de table au pourtour avec pieds et traverses en fer, dessus en pitch-pin.

La peinture à 3 couches et la vitrerie en verre 1 2 double d°.

(Nota. — Le pavillon pourrait être plus avantageusement et économiquement construit en maçonnerie légère.

Le chauffage des 2 serres composé de : 1 chaudière thermosiphon. 2 rangs de tuyaux en fonte de 0 m. 10 sous les bâches, 12 vannes d'arrêt, un récipient et tubes d'air.

La chaudière sera placée dans la cave sous le plancher du pavillon, les solives de ce plancher ainsi que l'escalier ne sont pas compris dans le présent devis.

DÉTAIL DES PRIX

2 serres hollandaises :			Pavillon :		
Charpente, ventilation et bâche..............	5.453	75	Charpente, ventilation et tables................	1.512	60
Peinture et vitrerie.....	2.321	50	Peinture et vitrerie......	859	70
Double vitrage.........	1.418	3		2.372	30
Accessoires d'ombrage sauf claies...........	1.172	50	Chauffage	3.782	50
	10.366	05			

RÉSUMÉ

2 serres hollandaises.....................	10.366	05
Pavillon................................	2.372	30
Chauffage	3.782	30
Total général............	16.520	85

Ces prix ne comprennent pas : la maçonnerie, la terrasse, les scellements, les claies d'ombrage, le transport des marchandises, voyages et déplacements des ouvriers pour la pose, la maçonnerie de chaudière, le plancher et l'escalier de cave du pavillon et les droits d'octroi s'il y a lieu, la garniture en zinc du chéneau.

Le *Journal Officiel* du 26 octobre 1898 a publié le Rapport et l'Arrêté suivants :

MINISTÈRE DES COLONIES

RAPPORT AU MINISTRE DES COLONIES

L'attention du département a été appelée sur l'intérêt qui s'attache à développer dans nos colonies les cultures tropicales susceptibles d'un rendement rémunérateur. Déjà l'administration des colonies a prescrit, à ce sujet, diverses études, parmi lesquelles les plus fécondes en résultats ont été les missions de M. Lecomte aux Antilles et à la Guyane, de M. Bourdarie au Congo, et de M. Milhe-Poulingon aux jardins d'essai de Kew (Londres), de Bruxelles et de Berlin.

Les conclusions de M. Milhe-Poulingon, en particulier, consignées dans un rapport très détaillé, ont paru mériter un examen des plus sérieux.

Toutefois, quelque intéressantes que paraissent les propositions formulées dans ce rapport, on ne saurait les adopter avant d'avoir pris l'avis des savants et des spécialistes les plus autorisés en la matière.

J'ai, en conséquence, l'honneur de proposer au Ministre de vouloir bien autoriser la réunion d'une commission spéciale qui serait appelée à donner son avis :

1° Sur le principe même de la création d'un établissement métropolitain destiné à étudier les cultures coloniales ;

2° Sur les voies et moyens à adopter en vue d'organiser l'établissement dont il s'agit.

Si M. le Ministre approuve ces conclusions, je le prie de vouloir bien revêtir de sa signature le projet d'arrêté ci-joint.

Le chef du cabinet chargé du service du secrétariat général,

CHAPSAL.

Le Ministre des Colonies,

Arrête :

ARTICLE PREMIER. — Une commission est instituée au Ministère des Colonies en vue d'étudier toutes les questions relatives aux jardins d'essai à créer, soit dans la métropole, soit dans les colonies.

ART. 2. — Cette commission est ainsi composée :

Cette commission a été ainsi composée :

MM. MILNE-EDWARDS, membre de l'Institut, directeur du Muséum d'histoire naturelle, président ;

PRILLIEUX, sénateur ;

DE LANESSAN, député ;

LE MYRE DE VILERS, député ;

GRANDIDIER, membre de l'Institut ;

CORNU, professeur au Muséum d'histoire naturelle ;

RISLER, directeur de l'Institut national agronomique ;

DYBOWSKI, directeur de l'agriculture en Tunisie ;

Paul BOURDE, ancien secrétaire général à Madagascar, ancien directeur de l'agriculture en Tunisie ;

CHAILLEY-BERT, secrétaire général de l'*Union coloniale française* ;

VIALA, professeur à l'Institut national agronomique ;

DELONCLE, ingénieur-agronome ;

RIVIÈRE, directeur du jardin d'essai d'Alger ;

CHALOT, directeur du jardin d'essai de Libreville ;

LECOMTE, professeur d'histoire naturelle au lycée Saint-Louis ;

MILHE-POUTINGON, directeur de la *Revue des Cultures coloniales* ;

Camille GUY, chef du service géographique et des missions au Ministère des colonies ;

R. DE LA VAISSIÈRE DE LAVERGNE, rédacteur au service géographique et des missions au ministère des colonies, secrétaire avec voix consultative.

Fait à Paris, le 24 octobre 1898.

TROUILLOT.

PROCÈS-VERBAUX

DES

SÉANCES DE LA COMMISSION

DES

JARDINS D'ESSAI COLONIAUX

Séance du 17 novembre 1898
sous la présidence de M. MILNE-EDWARDS, *président.*

Présents : MM. Milne-Edwards, Prillieux, de Lanessan, Cornu, Risler, Chailley-Bert, Viala, Deloncle, Rivière, Lecomte, Milhe-Poutingon, Camille Guy.

M. le Président donne lecture de la liste des membres de la Commission et dit qu'il y a lieu de savoir : 1° si l'on doit constituer à Paris un jardin colonial, 2° ce que l'on sait faire, 3° quels sont les moyens de réaliser ces propositions. L'origine de ce projet, dit-il, est dans le rapport que M. Milhe-Poutingon a adressé au ministre à la suite de sa visite aux jardins royaux de Kew. Il prie M. Milhe-Poutingon de faire part à la Commission de ses impressions.

M. Milhe-Poutingon résume sa brochure de la manière suivante : Kew est

1° un centre d'approvisionnement;

2° un centre d'enseignement;

3° un centre d'informations ;

4° c'est enfin le conseil permanent des jardins botaniques en matière coloniale.

Après avoir développé, en quelques mots, chacun de ces points, il termine en disant que cette théorie est exposée dans sa brochure, qui a été remise à tous les membres de la Commission et qu'il se tient à leur disposition pour leur fournir toutes les explications et tous les éclaircissements qui lui seront demandés.

M. le Président rappelle que rien en France n'est outillé comme Kew, et il regrette qu'il n'y ait pas, à Paris, une sorte d'office des cultures coloniale semblable à Kew.

M. Cornu demande la parole :

M. Cornu a lu avec soin l'intéressant rapport de M. Milhe sur les jardins de Kew. Il s'associe complètement aux éloges donnés par M. Milhe à ce magnifique établissement. M. Cornu l'a visité plusieurs fois avec soin et l'a étudié notamment pendant un séjour de trois semaines spécialement employé à ce but. Il a visité à ses frais successivement tous les jardins botaniques de l'Europe du nord au sud, de l'est à l'ouest, et les principaux grands établissements horticoles du continent. Il a donc quelque droit à porter un jugement sur les institutions qui s'occupent des plantes.

Il définit Kew de la manière suivante : C'est un établissement admirablement organisé pour l'usage spécial et dans l'intérêt exclusif des Anglais.

Kew est dirigé dans un sens rigoureusement invariable pour le développement de la richesse et de la production économique des Colonies anglaises Si un pareil établissement existait en France, on proposerait immédiatement de le modifier.

Chez nous, les établissements similaires sont institués dans un tout autre esprit et ouverts avec une libéralité dont nous nous faisons honneur ; les cours, les laboratoires, les herbiers, les bibliothèques, sont librement accessibles à tout le monde et même aux étrangers ; il y existe un enseignement élevé. Les publications y sont d'ordre très général et de science pure.

A Kew, en dehors du jardin, des serres et de certaines galeries publiques, tout pour ainsi dire est réservé ; rien de librement accessible à tous ; les herbiers s'entr'ouvrent

à peine, on les consulte sous l'œil vigilant du conserva-
teur; les croquis, les notes prises, les analyses, doivent
rester à l'établissement, c'est une autre manière de concevoir les choses, qui a certains avantages réels. L'enseignement y est tout à fait élémentaire et destiné aux seuls
jardiniers : les publications sont faites par Kew même et
d'après les matériaux de Kew (Genera plantarum...,
Kewensium..., Index Kewensis)...

Ce n'est pas pour les critiquer que ces faits s ont cités,
mais bien pour montrer la Direction précise de cette magnifique institution.

Il y aurait beaucoup à dire sur le recrutement des divers
fonctionnaires (les méthodes sont tout autres qu'en
France, pas de candidature, pas d'élection), et notamment
des jardiniers. Les aptitudes naturelles, les goûts et l'instruction du candidat-jardinier ne sont pas les seuls titres
examinés avant l'admission ; on examine aussi les parti-
cularités physiques : la taille, les tares de l'organisme sont
des causes de refus; les étrangers ne peuvent rester
qu'une seule année.

L'établissement a pour base et pour but la plante
vivante, tout y est subordonné ; les herbiers, qui sont préparés comme des recueils d'images, sont établis non pour
les études théoriques de botanique générale et spéculative,
mais précisément pour la détermination des espèces.

Les listes de plantes, les flores, les descriptions et les
planches sont énergiquement exécutées avec le souci constant d'une publication rapide. On peut envier cette activité et cette énergie qui assurent l'exécution de livres
parfois imparfaits, mais toujours très utiles quand ils sont
publiés.

Certains savants qui se placent à un tout autre point de
vue sont amenés à critiquer cette façon de travailler et
de publier ; la méthode anglaise est peut-être meilleure;
au point de vue du but final, il vaut infiniment mieux aller
un peu vite que de laisser des ouvrages incomplets et
partant inutiles ou même de ne rien publier du tout.

M. Milhe a beaucoup admiré cet établissement qui donne de si merveilleux résultats, où tout concourt à un but spécial et il ne s'est pas demandé si les différents services groupés là en un faisceau unique n'existaient pas chez nous séparément.

En France, les problèmes dont Kew a ébauché la solution pour son propre usage ont été résolus d'une manière différente et, on peut l'affirmer, beaucoup plus complète. Citons seulement les trois parties principales suivantes :

1° *Enseignement*. — Chez nous, nous avons de grandes écoles avec des maîtres nombreux, parfois avec laboratoires, avec des jardins, des serres pour l'enseignement; il existe un très grand nombre d'établissements horticoles départementaux, particuliers, laïques ou religieux, des sociétés locales, des cours divers, subventionnés ou libres. Dans toutes les écoles normales, il y a un cours d'horticulture ; dans les écoles pratiques d'agriculture et les fermes-écoles, il y a toujours la part de l'horticulture.

Les cours de Kew ne sont pas aussi complets que ceux de notre école nationale de Versailles d'où sont sortis tant de sujets distingués. Il n'existe pas d'Ecole d'horticulture en Angleterre, ou du moins il n'en existe que depuis un très petit nombre d'années. Pendant longtemps même, il n'y a pas eu d'Ecole forestière et l'on prenait, pour les besoins du service, pour l'Inde, le Cap de Bonne-Espérance, etc., des élèves français de l'Ecole forestière de Nancy.

M. Chailley-Bert ayant fait observer que le recrutement et l'éducation des officiers des Eaux et Forêts se fait maintenant d'une façon nationale en Angleterre, M. Cornu ajoute que M. Edouard Blanc, explorateur, a été le dernier qui se soit préparé pour entrer au service des forêts de l'Inde [il n'a pas, du reste, persévéré dans cette voie (1)].

(1) M. Cornu a remis, le lendemain de la séance, une note disant qu'à partir de 1882 il y eut, à l'Ecole de Nancy, une section de jeunes gens anglais sous la surveillance d'un fonctionnaire anglais; cet état de choses dura quelques années (d'après M. Ed. Blanc).

M. Cornu continue ainsi :

Disons, en passant, que Londres n'est pas le centre de l'enseignement supérieur comme l'est chez nous Paris : l'Université est récente et restreinte; le haut enseignement, les professeurs célèbres se trouvent à Oxford et à Cambridge où affluent les plus nombreux élèves.

A Paris, l'enseignement est très élevé, très largement et très libéralement donné ; les portes sont grandes ouvertes. Tout cela vaut bien la peine qu'on le dise.

2° *Musées*. — La France n'est pas en retard sur ce point. Nous avons les galeries de botanique du Muséum avec les parties théoriques et la partie appliquée. Il existe ou, du moins, il existera demain et il a existé jusqu'à hier l'Exposition permanente des Colonies, merveilleux groupement des produits économiques des Colonies françaises auquel se joignent les produits commerciaux proprement dits, ce qui n'existe pas à Kew.

3° *Herbiers*. — Les herbiers du Muséum sont les plus anciens et les plus riches qui existent ; ceux de Kew ont pour base l'herbier de Banks et ne remontent pas plus haut. Ajoutons que notre compatriote M. J.-E. Planchon a largement contribué à les mettre en ordre. Nous avons donc en France tous les éléments que l'on rencontre à Kew ; ils pourraient fonctionner dans le même sens sans qu'on ait besoin de créer des services ou un établissement nouveau, ce qui exigerait de très grandes dépenses.

Il reste à parler maintenant du rôle de Kew dans la diffusion des plantes utiles et des renseignements de toute nature : on arrive là aussi aux mêmes conclusions. Kew est un centre d'informations pour les colonies; mais la France n'est pas dépourvue sous ce rapport: les « Annales de l'Institut colonial de Marseille », la « Revue Coloniale », la Revue même que dirige M. Milhe-Poutingon..., etc., servent à la diffusion des faits utiles aux colons et il suffirait d'améliorer ce qui existe déjà.

D'ailleurs, dans ses publications, le Bulletin de Kew ne donne certainement pas l'exposé intégral des expériences exécutées ou des tentatives d'introduction de plantes économiques faites dans l'intérêt des colonies anglaises ; on ne publie que les données qui ne nuisent pas aux intérêts anglais et l'on n'annonce pas une entreprise avant qu'elle ne soit exécutée (ce que nous ferions bien d'imiter).

En proclamant que Kew est un centre d'approvisionnement pour les Colonies, M. Milhe n'a certainement pas voulu affirmer que les colons empruntaient à la métropole un grand nombre de plants pour établir leurs plantations ; ce rôle est réservé dans les colonies anglaises aux jardins coloniaux qui se chargent de multiplier et de répandre les espèces utiles.

On ne peut parler sérieusement d'approvisionner les colons ; c'est le rôle exclusif des jardins locaux. Il est vrai que, sous ce rapport, les colonies anglaises sont infiniment mieux pourvues que les nôtres en jardins coloniaux.

M. Milhe a parlé de l'activité extrême qui règne à Kew pour la multiplication incessante des végétaux utiles ; or il y a des intermittences. Dans les serres spéciales (propagation houses) qui sont secrètes et ne s'ouvent que difficilement aux visiteurs, M. Cornu a pu pénétrer et y demeurer assez longtemps. Il a pu examiner tous les végétaux qui s'y trouvaient et en relever la liste totale ; le nombre des espèces envoyées au loin n'est peut-être pas aussi considérable qu'on le croit.

Pour l'introduction en Europe des plantes de haute utilité économique, la France n'est pas non plus restée en arrière. M. Milhe aurait pu dire que les premiers quinquinas cultivés le furent au Muséum ; M. Weddell, aide-naturaliste, en avait envoyé les graines ; le premier il indiqua l'origine botanique des quinquinas du commerce et son *Histoire des quinquinas* fut publiée longtemps avant la quinologie d'Howard.

La Condamine fut d'ailleurs le premier (1738) qui tenta d'expédier des plants de quinquina en Europe.

Il est dit, dans le rapport, que Kew est le centre duquel émanent toutes les plantes économiques nouvelles qui sont demandées et reçues par les différents jardins coloniaux. S'il y a une union aussi étroite entre ces divers jardins et Kew, c'est que la plus grande partie des fonctionnaires de ces jardins émanent de Kew. Ces relations, que M. Milhe désire voir établir en France entre la métropole et les jardins coloniaux, existent en fait déjà depuis quinze années entre le Muséum et les Colonies françaises (1). Chez nous, malheureusement, aux offres du Muséum, les jardins coloniaux opposent une grande tiédeur. Pour la multiplication des espèces utiles, pour l'établissement de champs d'expérience en vue de nouvelles cultures, ils sont fort au-dessous des établissements similaires anglais.

Cela tient à l'insuffisance des ressources, au recrutement imparfait des directeurs auxquels, du reste, les colonies demandent le plus souvent de créer ou d'entretenir un jardin d'agrément et non un champ d'expérience. On doit cependant faire observer que, bien souvent, les directeurs des jardins coloniaux étrangers ont été obligés de tenir compte des exigences du public : le baron von Mueller à Melbourne, le botaniste Miquel qui fut critiqué à ce point de vue et le docteur Treub à Buitenzorg.

En résumé, on trouve à Paris un centre d'informations, un centre d'approvisionnements pour les jardins coloniaux et un centre de relations pour ces mêmes jardins. Il s'agit principalement du Muséum d'histoire naturelle qui a fait beaucoup d'efforts dans cette direction et qui pourrait probablement obtenir des résultats meilleurs encore.

Les jardins royaux de Kew sont, pour accomplir leur œuvre féconde, dans une situation que l'on ne rencontre pas à Paris, leur budget notamment est considérable.

M. Milhe-Poutingon remercie M. Cornu d'avoir bien

---

(1) Des chiffres précis sont cités dans une notice remise aux membres de la Commission par M. Cornu avant la séance.

voulu discuter son rapport et demande d'en justifier certains points qui ont été contestés : Kew a bien fêté, il y a quelques années, son cinquantenaire en tant que jardin botanique proprement dit alors qu'effectivement il remonte au siècle dernier d'après les rapports qui lui ont été communiqués et d'après les sources auxquelles il a puisé. Quant aux plants que Kew fournit aux jardins coloniaux, leur nombre s'élève à 9.000 par an environ.

M. Risler demande à suivre l'exemple de Kew en développant le Muséum.

M. Lecomte ne s'associe pas complètement aux critiques de M. Cornu ni aux observations présentées par M. Milhe-Poutingon. Les produits du musée de Kew sont rangés par familles à l'encontre de ce qu'a avancé M. Cornu et 8 à 9.000 plants expédiés annuellement dans les colonies ne paraissent pas être des chiffres suffisants. Mais la question n'est pas là ; il s'agit de savoir s'il est nécessaire de créer à Paris un organisme nouveau. M. Lecomte ne le pense pas. Ce n'est pas à Paris qu'on peut avoir la prétention de faire des essais de culture ou de sélection, des plantes tropicales, des cannes à sucre sélectionnées à la Martinique pourront ne pas donner de bons résultats à la Guadeloupe, qui est notre colonie la plus voisine. A plus forte raison, si de tels essais étaient tentés dans des serres à Paris. Il faut ne pas connaître un mot des cultures tropicales pour nourrir de telles illusions. M. Lecomte affirme en terminant que cette question de la création d'un jardin colonial à Paris ne peut même pas être envisagée et que la Commission, si elle veut faire œuvre utile, n'a qu'à s'occuper de la réorganisation des seuls rouages utiles, c'est-à-dire les jardins d'essai des Colonies. On pourra alors se proposer de créer des liens plus étroits entre ces jardins des Colonies et le Muséum.

M. de Lanessan demande à résumer la question ; il s'agit de savoir s'il faut créer un organe nouveau ou bien améliorer les organes qui existent déjà. Or, il y a suffisamment d'organes. Il propose d'autoriser le Muséum à formuler les améliorations qui lui paraissent nécessaires pour pouvoir servir d'intermédiaire entre la France et les Colonies, à présenter dans ce sens un projet ferme et d'inviter le ministre des colonies à poursuivre auprès du Parlement la réalisation de projet.

M. le Président croit qu'en infusant un sang nouveau aux organismes du Muséum on pourrait arriver à un excellent résultat. Justement, le Muséum possède, à Vincennes, un terrain depuis longtemps inemployé et où il serait facile d'établir une ou plusieurs serres de multiplication. De plus, il rappelle qu'il existe au ministère de l'instruction publique une commission dite des « Sociétés savantes » chargées d'indiquer à ces sociétés la marche à suivre, ne serait-il pas possible de créer une commission analogue pour les jardins ?

M. Prillieux fait observer que la difficulté sera de trouver des fonds.

M. Guy répond que l'Administration n'a aucun système a priori. Elle a été frappée des vices graves de l'organisation des jardins coloniaux et des moyens proposés par M. Milhe-Poutingon pour y remédier. Elle demande simplement que la Commission veuille bien choisir entre ces différents moyens celui qu'elle jugera le meilleur. Quant aux dépenses il ne semble pas qu'elles doivent être bien considérables et d'ailleurs ne serait-il pas légitime d'inviter les Colonies qui profiteraient les premières de la nouvelle organisation à inscrire à leur budget une subvention annuelle ?

M. le Président propose la mise aux voix d'une création à Paris d'un service nouveau ou bien le perfectionnement de ce qui existe au Muséum.

M. Milhe-Poutingon demande que, tous les membres de la Commission n'étant pas présents, il ne soit pas procédé au vote.

M. Lecomte et *M. de Lanessan* insistent pour que le vote ait lieu immédiatement, la question paraissant suffisamment élucidée.

M. Deloncle propose alors d'indiquer que la solution qui paraît devoir être adoptée est une de celles que M. Milhe-Poutingon propose à la fin de son intéressant rapport. Cette proposition est adoptée.

M. le Président donne lecture de la proposition suivante : La Commission décide que le Muséum sera invité à se développer de façon à répondre aux besoins des cultures coloniales.

La proposition est adoptée.

La prochaine séance aura lieu lundi 21 novembre à 4 h. 1/2 du soir.

Séance du 21 novembre 1898

sous la présidence de M. MILNE-EDWARDS, *président.*

Présents : MM. Milne-Edwards, de Lanessan, Grandidier, Cornu, Risler, Paul Bourde, Chailley-Bert, Deloncle, Rivière, Lecomte, Milhe-Poutingon, Camille Guy.

Après lecture, le procès-verbal de la séance du 17 novembre est adopté.

M. le Président demande aux membres de la Commission qui ont visité des jardins coloniaux d'éclairer leurs collègues sur ce qu'ils sont exactement : quelle est leur étendue, quel est le budget dont ils disposent et comment ils fonctionnent ?

M. Lecomte demande à exposer rapidement ces trois questions : l'étendue de nos jardins coloniaux est insuffisante ; leur budget est très faible ; enfin leur fonctionnement laisse profondément à désirer. Dans bien des cas, les laboratoires ou les instruments indispensables à l'étude pratique des végétaux font totalement défaut. Il manque, en effet, une station météorologique dont les directeurs de jardins pourraient être chargés ; il y aurait aussi lieu de créer un double laboratoire dans lequel on pourrait faire dans l'un les analyses sommaires, et dans l'autre l'étude des maladies des plantes. On devrait encore adjoindre un herbier à chaque jardin d'essai, comme en possède le jardin de la Trinidad.

La question du personnel est fort délicate à aborder ; malgré tout, il faut convenir que certains directeurs ne sont pas à la hauteur de leur tâche. Il serait nécessaire d'exiger d'eux des garanties de connaissances botaniques et agricoles, ce à quoi l'on pourrait arriver en les soumettant à un stage en qualité d'assistants dans les grands jardins d'essai de nos Colonies. Enfin, pour leur donner des garanties d'avancement, il faudrait qu'ils fussent nommés par le Ministère des Colonies.

M. de Lanessan s'oppose à ce que le personnel soit nommé par l'administration centrale et propose qu'il soit choisi par les gouverneurs.

M. Chailley-Bert appuie cette proposition.

M. de Lanessan demande, en outre, que le personnel ne soit pas changé de colonie afin de lui permettre d'acquérir une connaissance approfondie des cultures du pays dans lequel il se trouve, et d'éviter les frais parfois considérables occasionnés par son déplacement ; l'avancement doit se refaire par classes et sur place.

M. Milhe-Poutingon ajoute qu'il est difficile d'adopter un système unique pour tous les jardins d'essai. Ce seront les colonies qui devront s'occuper de toutes les questions ; la Commission siégeant à Paris devra être seulement consultée sur les points importants.

M. Cornu dit que M. Lecomte a indiqué ce que devrait être un jardin colonial modèle, et qu'il ne peut qu'appuyer les propositions qui viennent d'être faites par lui. Il appelle l'attention de la Commission sur la nécessité de créer une station météorologique, notamment pour connaître exactement la quantité annuelle d'eau pluviale dans chaque localité avec des appareils enregistreurs très simples ; les observations seraient régulièrement envoyées au service central météorologique de Paris qui les publierait ensuite.

M. P. Bourde demande que la Commission dresse un

4

programme de ce que doit être un jardin colonial. Il fait remarquer que, lorsqu'il était directeur de l'agriculture en Tunisie, il lui a été nécessaire de s'assimiler les questions spéciales et que, aux prises avec les difficultés, il a pu se rendre compte combien était délicate l'installation d'un jardin colonial au point de vue pratique.

M. Cornu insiste pour que l'on crée une station météorologique. La Commission tout entière accepte cette proposition.

M. le Président met la Commission au courant du legs Durand-Gasselin qui a mis à la disposition de la ville de Nantes une somme de 1.300.000 francs et une propriété dite « le Grand-Blottereau » afin de créer un établissement agricole modèle avec cours spéciaux, serres, etc...

M. Guy annonce que cette affaire est devenue officielle, que le Préfet de la Loire-Inférieure a écrit au Ministre des colonies pour lui dire qu'il avait été décidé qu'une place serait réservée dans le domaine en question à une section coloniale.

M. le Président dit qu'il faut surtout exiger des directeurs des connaissances spéciales.

M. Guy propose, en outre, de leur demander un rapport semestriel qu'ils enverraient à la Commission centrale de Paris.

M. Risler voudrait que la Commission désignât les Ecoles où seraient choisis les jeunes directeurs, et qu'elle fixât les jardins d'essai où ils iraient faire un stage.

M. Guy rappelle que les négociations entamées avec le Ministère de l'agriculture afin d'envoyer des jeunes gens à l'étranger remontent déjà à plus d'un an. On avait décidé qu'il y aurait annuellement quatre bourses de voyage d'une durée limitée. Tout semblait convenu lorsque le projet a été brusquement arrêté.

M. Lecomte dit qu'il est nécessaire d'obtenir périodiquement des directeurs des jardins d'essai des rapports circonstanciés pour les essais qu'ils auront entrepris, qu'il est en outre désirable de voir ces rapports soumis à la

Commission centrale et publiés dans la *Revue Coloniale* ou toute autre revue spéciale.

M. de Lanessan demande que, en ce qui concerne le personnel, le directeur et les professeurs sortent d'une école ultérieurement désignée par la Commission.

M. Lecomte ajoute que ne pourront être nommés directeurs que ceux qui auront été faire un stage d'une année au moins dans un jardin colonial.

M. Deloncle fait observer qu'il serait indispensable que les jeunes gens fissent avant tout un stage au jardin d'essai métropolitain.

M. Chailley-Bert croit qu'émettre simplement des vœux retardera l'exécution des travaux de la Commission; il propose de nommer une sous-commission chargée de soumettre un rapport à la Commission.

Cette sous-commission est ainsi composée :

MM. P. Bourde, président ; Milhe-Poutingon, Chailley-Bert, Dybowski, Rivière, Lecomte et Chalot. Elle se réunira jeudi matin, 24, à 9 heures.

La prochaine réunion de la Commission aura lieu lundi 28 novembre, à 4 heures du soir.

Séance du 28 novembre

sous la présidence de M. MILNE-EDWARDS, *président.*

Présents : MM. Milne-Edwards, Prillieux, Grandidier, Cornu, P. Bourde, Chailley-Bert, Viala, Deloncle, Rivière, Lecomte, Milhe-Poutingon, Camille Guy.

Après lecture, le procès-verbal de la séance du 21 novembre est adopté.

M. le Président porte à la connaissance de la Commission le désir que lui ont exprimé M. Moriceau, administrateur colonial, et M. Godefroy-Lebeuf, de faire part à la Commission de certaines observations personnelles; à l'unanimité, la Commission est d'avis de convoquer MM. Moriceau et Godefroy-Lebeuf à la prochaine séance fixée au 30 novembre, à 5 heures du soir.

M. P. Bourde, président de la sous-commission nommée en séance du 21 novembre, donne lecture de son rapport dont le texte, après les observations présentées par divers membres de la Commission, est adopté par la Commission. (Voir les vœux de la Commission insérés à la suite du rapport de M. P. Bourde.)

Séance du 30 novembre
sous la présidence de M. Milne-Edwards, *président.*

Présents : MM. Milne-Edwards, Prillieux, Le Myre de Vilers, Grandidier, Cornu, Risler, P. Bourde, Chailley-Bert, Dybowski, Viala, Rivière, Chalot, Lecomte, Milhe-Poutingon, Camille Guy.

M. le Président rappelle à la Commission que M. Moriceau, administrateur colonial, et M. Godefroy-Lebeuf ont sollicité la faveur d'être entendus, et que cette autorisation leur a été accordée. Il donne la parole à M. Moriceau.

M. Moriceau, après avoir remercié les membres de la Commission, expose la façon dont il comprend l'établissement d'un jardin colonial. Il doit, avant tout, être créé dans un but pratique. Son directeur ne doit pas perdre un temps précieux à se livrer à des études scientifiques qui entrent plutôt dans le cadre des établissements spéciaux dont plusieurs de leurs membres ont été désignés pour faire partie de la Commission. Il paraît nécessaire à M. Moriceau que le jardin entreprenne tout d'abord les essais propres à permettre aux colons de produire sur leur propriété les denrées que consomme la colonie. Il devra s'occuper ensuite de l'amélioration des cultures déjà existantes et rechercher les engrais propres à augmenter leur rendement. La culture du tabac, dont l'usage est répandu sur presque tous les points du globe, devra aussi être l'objet des préoccupations de celui qui sera placé à la tête du Jardin. Le cacao, le café, la vanille seraient encore des sources de richesses pour nos colonies. Enfin, la culture du coton, pour lequel la France est entièrement tributaire de l'étranger, devrait être sérieusement étudiée. L'Indo-Chine, le Soudan et nos possessions ouest-africaines pourraient être de merveilleux centres d'approvisionnements pour la mère-patrie et lui donner ainsi le moyen, non seulement de se suffire bientôt à elle-même, mais encore de faire concurrence dans un avenir relativement prochain au coton que produisent surtout les colonies anglaises. En dernier lieu, le Jardin devrait avoir pour mission d'étudier les cultures plutôt accessoires : plantes médicinales, tinctoriales ou autres. Le choix du personnel doit être fait avec beaucoup de soin ; le Muséum paraît tout indiqué pour fournir les hommes travailleurs et compétents qui contribueront à la prospérité des jardins coloniaux. Quant aux dépenses qu'entraînera leur établissement, il semblerait équitable qu'elles fussent supportées par les colonies elles-mêmes qui seront les premières à retirer des avantages de leur création.

Après M. Moriceau, *M. Godefroy-Lebeuf* propose à la Commission d'offrir aux colonies des plants à raison de 1 franc pièce, et des graines germées à raison de 0 fr. 10 pièce ; chaque commande ne pourrait être inférieur à 15.000 plants et ne comprendrait qu'une seule espèce. Il demande que les droits de douane soient atténués et que des facilités de transport soient accordées sur les lignes desservies par les Compagnies de navigation subventionnées par l'Etat.

M. le Président remercie M. Godefroy-Lebeuf de ses propositions, et l'assure que la Commission les examinera avec un bienveillant intérêt.

Après lecture, le procès-verbal de la séance du 28 novembre est adopté.

M. le Président demande à MM. Chalot et Dybowski qui, jusqu'ici, n'ont pu assister aux réunions précédentes, s'ils n'ont pas d'observations à présenter au sujet du rapport de la sous-commission inséré au procès-verbal qui vient d'être lu.

M. Dybowski craint que le programme esquissé dans le rapport ne soit trop étendu; il serait préférable qu'il fût plus restreint : le laboratoire pourrait ne pas exister et être remplacé par un laboratoire central qui ferait toutes les analyses délicates. De plus, il serait possible au directeur de remplacer au besoin le chimiste. Enfin, les stations météorologiques pourraient être simplifiées et multipliées. En outre, la station agronomique devrait avoir une vie propre nettement déterminée. Quant à l'herbier local, il sera très difficile de le comparer sur place ; il serait préférable d'envoyer les divers échantillons à Paris où ils pourraient être définis et classés. Le rôle du jardin d'essai étant de fournir des renseignements exacts, la nécessité de créer plusieurs jardins dans la même colonie paraît s'imposer.

M. Le Myre de Vilers fait observer que les différents services indiqués dans le rapport de M. P. Bourde existent déjà et qu'il n'y a aucun besoin de faire double emploi. Il fait remarquer que, si l'on veut procéder par voie d'obligation, les conseils électifs ou les gouvernements étant maîtres de leurs finances, il serait nécessaire de créer à Paris un service spécial, et que cette proposition aboutirait à un échec certain.

M. P. Bourde répond à M. Dybowski que le jardin d'essai complet n'existerait que dans les colonies déjà constituées et que les colonies où les besoins agricoles sont moins grands seraient pourvues de stations culturales. Il fait remarquer à M. Le Myre de Vilers que la sous-commission n'a émis que des vœux qu'elle ne prétend pas imposer.

M. Camille Guy dit qu'il n'a jamais été dans l'idée de l'administration de rien imposer aux colonies. Comme le département ne disposera pas du budget nécessaire au fonctionnement des jardins d'essai et qu'il sera obligé de faire pour cela appel au budget local des colonies, il laissera une grande latitude et aux colonies et aux établissements culturaux. Mais il n'est pas défendu de tracer pour les colonies un plan idéal dont elles se rapprocheront au fur et à mesure de leurs ressources.

M. le Président rappelle que ces établissements seron en rapports suivis avec les établissements scientifiques de Paris, qui les aideront dans la plus large part.

M. P. Bourde demande à M. le Président de nommer une sous-commission qui ferait, pour ce qui a été appelé jusqu'ici l'Office central, ce qui a été fait pour les jardins d'essai.

M. Chailley-Bert estime qu'il serait indispensable de faire entrer dans cette nouvelle sous-commission certains membres du Muséum ou de l'Institut agronomique.

La sous-commission est composée comme suit : MM. Milne-Edwards, président ; Cornu, Dybowski, P. Bourde, Chailley-Bert, Rivière, Lecomte et Chalot.

M. Guy estime que le programme d'études de cette sous-commission serait facile à dresser : 1° Il faudrait tout d'abord qu'elle déterminât exactement les rapports qui doivent unir le Muséum à l'administration centrale ; 2° de définir quel sera le rôle et quelles seront les attributions de cet agent central dont M. Le Myre de Vilers a parlé et qui est, en effet, indispensable ; 3° de définir l'organisation du Muséum, suivant le vœu voté en première séance en vue de répondre aux besoins des cultures coloniales. Il resterait enfin à traiter une quatrième question qui n'a pas été discutée : le fonctionnement et les attributions de cette Commission suprême permanente dont on parle constamment, mais dont le principe n'a pas encore été adopté par la Commission.

La sous-commission se réunira samedi 3 décembre à 3 heures du soir.

La prochaine séance aura lieu mardi 6 décembre à 4 heures du soir.

Séance du 6 décembre

sous la présidence de M. MILNE-EDWARDS, président.

Présents : MM. Milne-Edwards, Prillieux, Grandidier, Cornu, Risler, Chailley-Bert, P. Bourde, Dybowski, Viala, Deloncle, Rivière, Lecomte, Milhe-Poutingon, Chalot, Camille Guy.

Après lecture, le procès-verbal de la séance du 30 novembre est adopté.

M. P. Bourde lit à la Commission le rapport qu'il a été chargé de rédiger par la sous-commission. Ce rapport est discuté, amendé et adopté paragraphe par paragraphe (voir les vœux de la Commission insérés à la suite du rapport de M. Paul Bourde).

M. le Président demande à la Commission s'il n'y aurait pas un grand avantage à présenter au ministre un rapport d'ensemble ; il estime que M. P. Bourde est tout désigné pour le préparer puisqu'il s'est déjà acquitté avec clarté, zèle et dévouement de la rédaction des rapports des deux sous-commissions.

M. P. Bourde accepte la mission qui lui est confiée par M. le Président.

M. Guy appuie d'autant plus volontiers la proposition de M. le Président que le Département a l'intention de publier in extenso les procès-verbaux des séances de la Commission ; il prie M. Bourde de présenter son rapport le plus tôt possible afin de le soumettre à la Commission du budget et de gagner ainsi un temps précieux.

M. P. Bourde demande à M. le Président de réunir la Commission lundi prochain à 4 h. 1/2 du soir ; il croit qu'il serait bon de fixer le ministre sur la dépense totale qu'occasionnerait l'installation d'un établissement à Vincennes.

M. le Président croit qu'il faudrait dépenser au moins 100.000 francs comme frais de premier établissement.

Sur les instances de M. Paul Bourde, une sous-com-

mission est instituée afin d'établir un devis ; elle est ainsi
composée : MM. Cornu, président, Dybowski, Rivière,
Milhe-Poutingon, Chalot. Elle se réunira vendredi à
5 heures.

M. Deloncle demande d'abord que l'on spécifie l'âge
des Directeurs, ensuite que, l'Institut agronomique étant le
seul établissement parmi ceux où seront recrutés les Directeurs dans lequel existe un cours de culture coloniale, il
soit émis le vœu de créer un cours semblable dans tous
les établissements visés dans le rapport de M. P. Bourde,
rapport inséré dans le procès-verbal du 28 novembre.

Séance du 12 décembre

sous la présidence de M. MILNE-EDWARDS, *président.*

Présents : MM. Milne-Edwards, P. Bourde, Chailley-
Bert, Prillieux, Risler, Grandidier, Cornu, Viala,
Deloncle, Rivière, Chalot, Lecomte, Milhe-Poutingon,
Camille Guy.

Après lecture, le procès-verbal est adopté.

M. le Président donne la parole à M. Milhe-Poutingon
pour lire le projet de devis à faire en vue d'un établissement à créer à Vincennes (voir les vœux annexés à la suite
du rapport de M. P. Bourde).

M. le Président prie ensuite M. P. Bourde de lire son
rapport ; le rapport de M. P. Bourde est adopté à l'unanimité.

M. Milne-Edvards remercie alors les membres de la
Commission du dévouement qu'ils ont mis à remplir la
mission qui leur avait été confiée par le ministre des Colonies ; il estime que, grâce aux travaux de la Commission
et à leur application pratique, les Colonies vont, dans un
avenir prochain, pouvoir entrer dans une ère de richesse
et de prospérité.

RAPPORT

AU MINISTRE DES COLONIES

SUR LES TRAVAUX

DE LA

COMMISSION DES JARDINS D'ESSAI

Monsieur le Ministre,

La Commission des jardins d'essai coloniaux a été constituée par un arrêté ministériel du 24 octobre dernier; votre prédécesseur, M. Trouillot, avait désiré avoir son avis, en particulier sur un rapport de M. Milhe-Poutingon, et d'une manière générale sur toutes les questions relatives aux jardins d'essai à créer soit dans la métropole, soit dans les colonies.

M. Milhe-Poutingon avait été frappé de l'utilité qu'il y aurait pour les jardins d'essai des colonies à posséder en France un centre où ils puissent se procurer les renseignements, les graines et les plantes dont ils ont besoin pour leurs expériences. Aidé par l'Union coloniale, il avait d'abord cherché à réaliser son projet au moyen de l'initiative privée, et il avait commencé par se pourvoir d'un instrument de diffusion pour les renseignements en créant la *Revue des Cultures coloniales*. Mais un entretien avec M. André Lebon l'amena à modifier ses vues. Obligé à des dépenses sans proportion avec ses recettes, un établissement chargé de fournir les jardins d'essai de graines et de plantes ne pouvait espérer rémunérer des capitaux particuliers ; ayant en revanche un caractère évident d'intérêt public, le gouvernement ne pouvait se désintéresser de sa création. Persuadé par le ministre et chargé d'une mission gratuite, M. Milhe-Poutingon alla visiter les établissements de ce genre qui existent en Angleterre, en Belgique et en Allemagne. C'est au retour de cette mission qu'il rédigea un rapport dans lequel, après avoir décrit les célèbres jardins de Kew, et rappelé l'influence efficace qu'ils exercent sur le développement agricole des colonies anglaises, il demandait qu'un service central fût également créé en France pour les jardins d'essai de nos colonies.

Notre collègue a eu ainsi le mérite de traduire en propositions précises un désir qui s'est fort répandu depuis quelque temps dans le public comme dans l'administration.

L'opinion souhaite manifestement, en effet, que la mise en valeur succède aussi promptement que possible à la période de conquêtes dans notre domaine colonial. Un des membres de la commission, M. Chailley-Bert, a exprimé ce sentiment dans un mot qui a fait fortune, en disant que le moment est venu où nos colonies doivent entrer dans « l'âge de l'agriculture ». Il ressort d'une circulaire du ministère que la France demande actuellement chaque année à l'étranger des produits de l'agriculture tropicale pour une somme de sept à huit cents millions de francs. Possédant des colonies où ces produits peuvent être cultivés, il est évident que nos efforts doivent tendre désormais à les tirer de chez elles, plutôt que de l'étranger.

Exprimer la nécessité de mettre notre domaine colonial en valeur, cela revient donc à dire qu'il faut en organiser l'exploitation agricole : tant vaudra son agriculture, tant vaudra ce domaine.

La Commission s'est placée, sans hésiter, à ce point de vue. Elle a considéré les jardins d'essai coloniaux et leur service central dans la métropole comme les organes à l'aide desquels il appartient au gouvernement d'agir pour hâter les progrès agricoles des colonies. En traçant leur programme, elle n'a cessé d'avoir présente à l'esprit cette ambition de réserver à nos colonies et à nos nationaux les bénéfices de la production et du commerce des denrées tropicales dont la métropole a besoin.

Elle s'est occupée, en premier lieu, des jardins aux colonies.

Le choix des noms à leur donner ne lui a point paru indifférent. Elle a écarté ceux qui auraient pu les faire confondre avec des jardins d'agrément ou des jardins purement scientifiques. Elle a tenu à ce que leur caractère essentiellement pratique fût bien marqué. C'est pourquoi elle vous propose d'appeler ceux du type le plus étendu « jardins d'essai », et ceux d'un type plus restreint « stations culturales ».

Les colonies, où l'agriculture prédomine, doivent avoir des jardins d'essai. Celles qui en sont encore à l'exploitation plus ou moins exclusive des richesses spontanées pourront se contenter d'une station culturale.

Jardins d'essai et stations culturales devront, suivant la Commission, ordonner leurs travaux en vue d'un double but : améliorer et accroître sans cesse la production agricole de la colonie, épargner autant que possible aux colons les difficultés du début, les tâtonnements et les essais. L'idéal serait pour eux que, sur toute question que les agriculteurs peuvent se poser dans leurs entreprises, le jardin d'essai soit toujours en état de fournir une réponse conforme au plus récent état de la science agricole.

La Commission a estimé que les stations culturales, c'est-à dire les jardins du type le plus simple, n'en devraient pas moins comprendre au minimum une collection des plantes utiles indigènes, et des plantes utiles étrangères à acclimater, collection qui est la base indispensable de toute étude ; un potager, un verger et des champs d'expérience, où seront continuellement faites des recherches pour déterminer les variétés les plus recommandables dans une même espèce, les procédés de culture et de fumure qui peuvent augmenter leurs rendements, et les meilleurs modes de préparation pour leurs produits ; une pépinière

de multiplication à l'usage du public; et une station météorologique.

Il va de soi que l'importance des expériences devra être
proportionnée à l'importance de l'intérêt qu'elles auront
pour la colonie,et que c'est à l'étude des plantes de grande
culture que les stations culturales comme les jardins
d'essai doivent particulièrement s'attacher. Cependant,
c'est avec intention qu'elle a spécifié que l'étude des lé-
gumes et des fruits ne devrait pas être négligée. Rien ne
contribue plus à rendre la vie pénible dans les pays chauds
que la privation de vivres frais; ce ne sera pas pour les
stations culturales et les jardins d'essais un petit service à
rendre que de démontrer que l'on peut s'en procurer partout d'abondants et de variés.

La nécessité d'une pépinière publique n'a point paru
contestable dans les colonies naissantes. Ce sera pour les
agriculteurs une économie considérable de temps et par
conséquent d'argent que de trouver des plants tout prêts
pour leurs plantations, au lieu de subir les délais auxquels
ils seraient condamnés s'ils étaient obligés de les produire
eux-mêmes. Lorsque, dans les vieilles colonies, l'industrie
privée sera suffisamment développée sur ce point pour
rendre l'intervention de l'État inutile, ce sera aux autorités
locales à juger si la pépinière doit être supprimée.

La Commission a également regardé une station météorologique comme de première nécessité. Elle a même cru
bien faire en indiquant pour l'usage des directeurs de stations culturales et de jardins d'essai le minimum des instruments dont elle doit être composée. A son avis, cette
station météorologique de la station culturale ou du jardin
d'essai devrait être le centre d'un service météorologique qui couvrirait la colonie de son réseau et aurait
dans chaque région distincte une station plus restreinte
où l'on se contenterait d'observer la température et les
chutes de pluie.

Les jardins d'essai proprement dits, c'est-à-dire les établissements du type complet, devront comprendre, outre les

éléments qui viennent d'être énumérés pour les stations culturales, une collection botanique pour les plantes qui ne trouveront point place dans les collections de plantes utiles, un laboratoire agronomique, un herbier et une bibliothèque. La Commission aurait voulu, comme pour les stations météorologiques, indiquer les appareils indispensables dans un laboratoire agronomique ; mais il en existe de beaucoup de sortes, et en présence de cette variété au milieu de laquelle il appartiendra aux directeurs de faire leur choix, elle a dû se borner à indiquer que ces laboratoires devront être pourvus des moyens de procéder à l'analyse physico-chimique des terres, au contrôle des engrais, au dosage du sucre et des matières grasses et à la reconnaissance des maladies parasitaires des végétaux qui sont dès maintenant déterminées. Ce sont là des renseignements que les agriculteurs doivent pouvoir se procurer sur place et sans lesquels il n'est point de culture rationnelle.

Après le matériel des jardins, la Commission a passé à l'examen du personnel technique fixe qu'il convient de leur donner. Elle a estimé que trois agents dans les stations culturales et cinq à six dans les jardins d'essai sont nécessaires.

Elle n'a pas été arrêtée par la crainte que ces cadres parussent trop considérables et trop dispendieux aux autorités coloniales. Il s'est trouvé que presque tous les jardins d'essai, existant actuellement aux colonies, avaient été visités par l'un ou l'autre des membres de la Commission. Tous ces membres ont été d'accord pour constater que, si ces jardins n'ont pas rendu, jusqu'à présent, tous les services qu'on est en droit d'en attendre, c'est que le plus souvent ils n'ont ni une étendue, ni un personnel, ni un budget suffisants. La Commission a pensé que, au moment où l'on se met enfin à envisager comme devant passer au premier plan dans les préoccupations publiques le rôle de l'agriculture aux colonies, sa mission était, sans entrer dans les considérations locales d'application dont elle ne pouvait être juge, de tracer aussi explicitement que possible le programme des conditions qu'elle croit indispensables pour le bon fonctionnement des jardins d'essai. Ce sera aux pouvoirs compétents à s'en rapprocher autant qu'ils en auront les moyens. Pour elle, un jardin d'essai ne serait même qu'un minimum dans beaucoup de cas ; elle n'a point formulé de vœu sur ce sujet, mais le sentiment qui s'est dégagé de ces discussions est que, dans les colonies importantes, le jardin devait avoir dans chaque région une annexe qu'un agent suffirait à diriger, et qui entreprendrait des expériences particulières pour cette région.

Le peu d'activité de quelques-uns des jardins actuels a paru tenir à deux autres causes encore : l'isolement dans lequel ils travaillent et la manière dont se recrute leur personnel technique. Pour faire cesser cet isolement, la Commission a émis le vœu que les directeurs des jardins envoient chaque année, au ministère, un rapport sur leurs travaux, que ce rapport soit examiné par le Comité supérieur des jardins d'essai dont il sera question plus loin, et qu'il soit publié quand il y aura lieu. Quant au personnel, dont le recrutement s'est opéré jusqu'à présent un peu au hasard, la Commission a émis à son sujet une série de vœux à l'exécution desquels elle attache une importance particulière, car il serait bien superflu de doter les jardins d'essai des crédits nécessaires si l'on n'a pas en même temps un personnel capable de les bien employer. Ces vœux ont tous pour but de constituer ce personnel. En commençant par le préparer dans les écoles spéciales, en achevant son instruction par des missions dans les pays chauds, en le mettant à l'abri des intrigues locales par l'obligation de soumettre les nominations à l'avis du Comité supérieur, en lui assurant des garanties de carrière par un décret organique, la Commission ne doute point qu'on le formera promptement.

L'organisation des jardins d'essai aux colonies étant ainsi arrêtée, la Commission s'est occupée du service central qui doit coordonner leurs travaux.

Dans la pensée de la Commission, ce service doit à la fois : surveiller le fonctionnement technique des jardins d'essai ; recueillir pour se mettre en état de le faire utilement tous les renseignements possibles sur l'agriculture tropicale ; pourvoir aux recherches scientifiques dont les jardins auront besoin ; enfin leur distribuer des graines et des plants pour leurs expériences et pour tenir leurs collections au complet.

Le directeur du Muséum, M. Milne-Edwards, sur les rapports de cet établissement avec les colonies dans le passé et sur les ressources qu'il leur offre pour les recherches savantes dans l'avenir ; le professeur de culture du Muséum, M. Cornu, sur les herbiers et les collections de cet établissement ainsi que sur les envois de plants et de graines que son service n'a cessé de faire aux colonies, ont donné à la Commission les détails les plus circonstanciés et les plus intéressants. Les herbiers du Muséum et les collections de végétaux vivants de ses serres sont d'une richesse qu'on peut dire sans rivale au monde. Et pour les déterminations des plantes, pour la recherche de leurs principes premiers, pour les analyses des terres, pour les études stratigraphiques et paléontologiques du sol, pour l'étude des maladies parasitaires des plantes, le Muséum possède dans ses professeurs une réunion unique de savants.

La Commission a donc estimé que le simple bon sens, autant que la reconnaissance pour les services rendus, commandait de continuer à demander au Muséum son concours dans tous les cas où il lui est possible de le donner, et de l'associer, dans la plus large mesure possible, aux travaux d'ordre purement pratique dont, en raison de son caractère d'établissement de haute science, il lui répugnerait d'être exclusivement chargé. C'est dans cet esprit qu'elle propose : 1° la formation d'un Comité supérieur des jardins d'essai coloniaux qui serait présidé de droit par le directeur et composé en partie des professeurs du Muséum ; 2° la création de serres de multiplication.

Outre les professeurs du Muséum, le Comité supérieur

comprendrait des personnes connaissant les colonies. Il servirait de conseil au Ministre pour la direction technique des jardins d'essai.

Consulté sur la correspondance des jardins d'essai, le Comité indiquerait comment doit se faire le départ de leurs demandes, quelles sont celles qui ont un caractère scientifique suffisamment original pour être soumises au Muséum et quelles sont celles qui seront renvoyées soit à d'autres établissements de l'État, soit aux serres de multiplication.

Au moyen des relations que le Muséum entretient dès maintenant avec les établissements scientifiques des autres peuples, au moyen des questionnaires qu'il demanderait au Ministre de faire parvenir à nos agents à l'étranger, au moyen des missions dans les pays chauds dont on chargerait chaque année quelques-uns des élèves de nos écoles d'agriculture et d'horticulture, au moyen enfin des rapports annuels des jardins d'essai des colonies, le Comité se tiendrait au courant de tout ce qui se fait sur le globe en matière d'agriculture tropicale, il s'efforcerait de reconnaître les causes qui font réussir ou échouer les diverses cultures dans les pays où on les a entreprises, il serait continuellement en enquête sur celles qui pourraient être essayées dans chacune de nos colonies et sur la manière d'améliorer celles qui y existent déjà ; en un mot, il serait sans cesse occupé à rechercher les moyens pratiques de réaliser le vœu de l'opinion quand elle demande qu'à l'avenir les produits coloniaux que consomme la France lui soient, autant que possible, fournis par ses colonies.

C'est en vue de cette partie de la tâche du Comité supérieur que la Commission a émis le vœu qu'il soit donné suite au projet d'instituer des missions agricoles dans les pays chauds, qui a été étudié au ministère. Elle voit à ces missions un double avantage : elles compléteraient l'instruction des futurs agents des jardins d'essai, et elles permettraient au Comité supérieur de renseigner sur les questions qu'il lui paraîtrait opportun de mettre à l'étude. Pour atteindre ce dernier but, le programme de ces missions devrait être demandé au Comité supérieur.

Les rapports annuels des jardins d'essai seraient soumis à l'examen du Comité supérieur qui indiquerait ceux qui méritent d'être publiés. Le Comité supérieur résumerait chaque année les travaux des jardins d'essai dans un rapport d'ensemble qui serait également publié, où il signalerait les lacunes à combler dans leur fonctionnement et où il relèverait les services rendus et les progrès accomplis. Cette publicité du rapport d'ensemble et la publicité partielle des rapports particuliers, en soumettant en quelque sorte à l'épreuve de l'opinion publique le personnel du jardin d'essai si abandonné à lui-même jusqu'à présent, lui donneraient un sentiment plus vif de sa responsabilité et soutiendraient son zèle ; elles éclaireraient les colonies des unes par les autres et créeraient entre elles une émulation.

Les serres de multiplication seraient chargées d'une besogne matérielle que le Muséum n'est point actuellement en état d'exécuter et que, même au cas où il en aurait les moyens, on ne pourrait pas lui imposer sans le détourner de l'objet propre de ses travaux. Elles recevraient soit des collections du Muséum, soit de toute autre provenance, les plantes à essayer aux colonies, elles les multiplieraient en quantités suffisantes, et elles les expédieraient aux jardins d'essai.

Ces serres resteraient sous la haute direction scientifique du Muséum, et c'est son directeur qui a suggéré à la Commission l'idée d'émettre le vœu que l'on utilise pour leur installation les terrains qui ont été mis à la disposition de cet établissement dans le bois de Vincennes et qui sont inoccupés. Cependant, comme elles auront à satisfaire des besoins purement coloniaux, il a paru convenable à la Commission que leur personnel et leur budget soient rattachés au ministère des colonies.

En préparant un devis sommaire des premiers frais de

cette installation qu'elle a évaluée à cent mille francs, la Commission a agi dans le même esprit qu'en traçant le programme des jardins d'essai. En présence de la grandeur des intérêts en jeu, elle a pensé qu'il était de son devoir d'indiquer en toute franchise ce qu'elle considère comme indispensable pour qu'ils soient satisfaits.

En résumé, l'avis de la Commission est que le Comité supérieur, aidé d'une part par le Muséum d'histoire naturelle, et d'autre part par les serres de multiplication, doit constituer le service central proprement dit des jardins d'essai. Mais ce service ayant un caractère purement technique, elle ne s'est pas dissimulé qu'il ne fonctionnerait efficacement qu'autant qu'il trouverait dans l'administration un constant appui ; c'est pourquoi, sans entrer dans des détails qui n'auraient pas été de sa compétence, elle a, par un dernier vœu, exprimé le désir qu'il soit créé dans ce but un service spécial au ministère des colonies.

Tels ont été les travaux de la Commission. Elle en a formulé les résultats dans les vœux suivants qu'elle a l'honneur de vous soumettre :

La Commission émet le vœu que, dans chacune des colonies dont l'existence repose plus particulièrement sur l'agriculture, il soit créé un jardin d'essai complet.

Un jardin d'essai complet devra comprendre : une partie culturale et une partie scientifique.

La partie cultivée devra comprendre :

1° un potager ;
2° un verger ;
3° une collection des plantes économiques vivaces et arborescentes ;
4° un champ d'essai pour les plantes annuelles de grande culture ;
5° une pépinière.

Le potager, le verger, la collection des plantes économiques vivaces et le champ d'essai seront organisés sur un plan essentiellement pratique et dirigés dans une intention commune qui sera de provoquer et de constamment soutenir la prospérité agricole de la colonie. Pour cela ils devront réunir des collections aussi complètes que possible des espèces indigènes et des espèces étrangères dont l'acclimatation paraîtra pouvoir être utilement tentée ; les comparer entre elles, déterminer les espèces et, dans une même espèce, les variétés qui s'accommodent le mieux aux conditions locales et qui donnent les meilleurs résultats ; rechercher les moments pour semer et récolter, les modes de préparation de la terre, les modes de taille et de greffe, les modes de fumure, les modes de récolte, de séchage et de conservation des fruits ; en un mot, les procédés culturaux et les procédés de préparation commerciale des produits qui conviennent le mieux aux conditions locales du sol et du climat.

La pépinière sera destinée à la multiplication des plantes utiles dont le public aura besoin. Elle devra être pourvue des abris et des serres aussi nécessaires pour la multiplication dans les pays chauds que dans les pays tempérés. L'expérience ayant démontré que la livraison gratuite des plants a plus d'inconvénients que d'avantages, la Commission émet le vœu que, sauf dans des cas spéciaux, ils soient vendus à prix fixe à un tarif aussi modéré que possible et non donnés.

La partie scientifique devra comprendre :

1° une collection botanique faite des végétaux qui n'auront pas trouvé place dans les collections culturales ;

2° un herbier des plantes de la colonie ;

3° un laboratoire agronomique possédant au minimum les instruments indispensables pour procéder à l'analyse physico-chimique du sol, au contrôle des engrais, au dosage du sucre et des matières grasses, et à l'étude des maladies des végétaux ;

4° une station météorologique possédant au moins les instruments suivants : un baromètre à mercure, un baromètre enregistreur, un thermomètre enregistreur, deux thermomètres ordinaires, un thermomètre à maxima et un thermomètre à minima, un thermomètre solaire, un thermomètre à mesurer la température au niveau du sol, un géothermomètre, un hypsomètre enregistreur, un psychromètre, un pluviomètre du type du bureau central de météorologie, une girouette ;

5° une bibliothèque contenant, outre les ouvrages les plus nécessaires de botanique générale, les ouvrages spéciaux sur la flore de la région, les livres et les publications spéciales concernant les cultures tropicales, quelques-uns des traités sur les maladies des plantes cultivées et les moyens de les combattre.

Le personnel fixe d'un jardin d'essai complet devra comprendre :

Un directeur chargé de la direction générale des cultures, de l'administration du jardin et de la correspondance, un chimiste chargé des travaux du laboratoire agronomique, un chef de culture chargé de la pratique culturale et de la conduite des ouvriers ;

Un multiplicateur chargé de tous les travaux de multiplication à l'air libre, sous châssis et en serre ;

Un grainier chargé de la récolte et de la préparation des graines, de l'herbier, des observations météorologiques et qui assisterait, en outre, le directeur ou le chimiste au laboratoire.

Autant que possible, si les ressources budgétaires le permettent, un préparateur sera adjoint au chimiste.

La Commission émet le vœu que, dans les colonies où les besoins agricoles sont moins grands, il soit créé une station culturale.

Une station culturale comprendra une partie culturale organisée autant que possible sur le même plan que la partie culturale des jardins d'essai complets et une station météorologique comprenant au moins : un baromètre à mercure, un thermomètre ordinaire, un thermomètre à maxima et un thermomètre à minima, un thermomètre à minima pour prendre la température à la surface du sol, un psychromètre, un pluviomètre et une girouette.

Le personnel technique fixe d'une station culturale devra comprendre au moins un jardinier en chef, un multiplicateur et un grainier.

La Commission émet le vœu que, dans les Colonies dont l'étendue justifiera ces créations, il soit créé sur différents points du territoire des stations culturales rattachées au jardin d'essai.

La Commission émet le vœu que le personnel technique des jardins coloniaux et des stations culturales soit recruté, de préférence, parmi les personnes possédant le diplôme de l'Institut agronomique, des écoles nationales ou coloniales d'agriculture ou de l'école d'horticulture de Versailles. Elle n'en fait cependant pas une condition absolue, afin de ne pas écarter la catégorie très intéressante des candidats à qui des études faites en dehors des écoles et l'expérience auraient acquis une compétence reconnue.

Afin de donner des connaissances préalables aux élèves qui se destineraient à l'agriculture coloniale, la Commission émet le vœu qu'il soit ouvert un cours des cultures tropicales dans celles de ces écoles où il n'en existe pas encore.

Les élèves diplômés des écoles ne pourront être nommés qu'autant qu'ils auront complété leurs études, soit par des missions dans les pays tropicaux étrangers, soit par des stages dans les jardins d'essai des colonies françaises. La Commission émet le vœu que, dans ce but, il soit donné suite au projet d'institution de bourses de voyages dans les pays chauds qui a été étudié au ministère des colonies.

Les nominations ne pourront être faites dans le personnel technique des jardins d'essai qu'après avis obligatoire de la Commission permanente des jardins d'essai.

Afin d'offrir aux agents les garanties de carrière sans lesquelles un bon recrutement est impossible, la Commission émet le vœu qu'un décret organique règle la hiérarchie, les conditions d'avancement et le traitement par classe du personnel technique des jardins d'essai.

Les jardins d'essai et les stations culturales devront adresser, une fois par an, à l'Office central, un rapport sur leurs travaux. Ce rapport devra contenir :

1° une liste de la collection des plantes indigènes et une liste de la collection des plantes étrangères du jardin. Ces listes permettront au Comité supérieur des jardins d'essai de se rendre compte des lacunes que pourront offrir ces collections et de les compléter ;

2° un rapport sur les acquisitions de l'herbier ;

3° une copie des observations météorologiques de l'année, observations qui devront être conservées dans les archives du jardin ;

4° un rapport sur les essais faits, les résultats obtenus et sur les divers travaux du jardin. Quand un résultat paraîtra définitif et digne d'être propagé, le Comité supérieur sera ainsi mis à même de demander au Ministre de le porter à la connaissance des autres colonies ;

5° un tableau des livraisons de graines et de plants faites dans l'année au public. Ce tableau, rapproché des résultats des travaux, donnera le moyen d'apprécier les services rendus par les jardins d'essai et les stations culturales.

Afin d'assurer la haute direction technique des jardins d'essai coloniaux, de coordonner leurs travaux, de leur constituer un centre d'études où l'on s'occupera de recueillir et de leur communiquer les renseignements utiles sur l'agriculture tropicale, de mettre à leur disposition pour les recherches et les analyses impossibles à faire sur place les ressources scientifiques de la capitale et de leur procurer des plants et des graines pour leurs expériences, la Commission émet le vœu qu'il soit créé à Paris un Comité supérieur des jardins d'essai coloniaux et des serres de multiplication.

Le Comité supérieur des jardins d'essai coloniaux nommés par le ministre des Colonies devra comprendre vingt membres au maximum ; il devra être composé d'hommes compétents soit par leurs études scientifiques, soit par leurs connaissances coloniales. La Commission émet le vœu qu'une large part y soit faite aux professeurs du Muséum et que le directeur du Muséum en soit le président de droit.

Le Comité supérieur devra être convoqué au moins une fois par mois. Il aura pour mission de donner son avis au ministre des Colonies sur les demandes d'ordre technique des jardins d'essai et de lui indiquer les expériences qu'il lui paraîtra opportun de tenter dans ces jardins. Pour la bien remplir, il devra se tenir au courant de tout ce qui est de nature à influencer la production agricole dans les pays tropicaux et se mettre en état de faire profiter nos colonies sans retard de tout progrès réalisé à l'étranger.

Les missions agricoles dont la création a été étudiée au ministère des colonies devant être en ce genre le meilleur des moyens d'informations, la Commission émet le vœu que le programme de ces missions soit chaque année demandé au Comité supérieur et que leurs travaux soient soumis à son examen.

Le Comité supérieur devra recevoir régulièrement communication des rapports des jardins d'essai coloniaux à mesure qu'ils arriveront au ministère. Chaque année, il présentera au Ministre des colonies un rapport d'ensemble sur les travaux des jardins d'essai dans lequel il résumera leurs travaux, appréciera leurs services et signalera les améliorations qu'il lui paraîtra utile d'apporter à leur fonctionnement.

Le rapport annuel du Comité supérieur sera publié. Le Comité supérieur sera, en outre, chargé d'assurer la publication des rapports spéciaux des jardins d'essai qui lui paraîtront dignes de cet honneur. Ainsi qu'il a été déjà dit à propos de l'organisation des jardins d'essai, le Comité supérieur devra être appelé à donner son avis dans toutes les nominations concernant le personnel technique de ces jardins.

Les serres de multiplication compléteront le Muséum d'histoire naturelle au point de vue colonial. Aux professeurs du Muséum seront demandées les recherches d'ordre purement scientifique et d'un caractère original dont les jardins coloniaux auront besoin. Aux serres de multiplication incomberont les travaux pratiques dont le Muséum peut se charger. Leur principal objet sera de multiplier, soit au moyen des sujets réunis dans les collections du Muséum, soit au moyen des sujets d'autres provenances, les plantes à répandre et de les expédier aux jardins d'essai coloniaux: Il est entendu que ces multiplications seront bornées aux besoins des jardins d'essai et que les serres s'interdiront toute opération qui ferait concurrence à l'industrie privée dans ses rapports avec les particuliers.

Le directeur du Muséum pensant que le Ministre de l'instruction publique ne s'opposerait pas à la création de ces serres sur les terrains qui ont été mis à sa disposition dans la forêt de Vincennes et qui sont actuellement inoccupés, la Commission émet le vœu que cet emplacement soit choisi en raison de son voisinage immédiat de Paris et des commodités de transport qu'il offre.

Le budget nécessaire pour la création et l'entretien de ces serres devra être rattaché au budget du ministère des colonies. Le personnel en devra être nommé par le Ministre des colonies, après avis du Comité supérieur des jardins d'essai.

La Commission émet le vœu que ces serres soient installées d'après les plans et devis suivants :

L'établissement devra comporter une maison d'habitation avec ses annexes pour le chef de culture, un logement pour les jardiniers, un petit laboratoire, un hangar et des serres.

Les frais de premier établissement devront être calculés de la manière suivante :

1° Maison d'habitation de 15 mètres sur 10 mètres. Elle comporterait un rez-de-chaussée et un étage. Au rez-de-chaussée : bureau, grande salle d'emballage, écurie et remise. Au premier étage : appartement du chef de culture, séchoir et salle de graines. Cette habitation pou-

vant être construite en matériaux légers et économiques, le prix de
construction ne dépasserait pas...................... 30.000 fr.

2° Le logement des jardiniers exigerait une dépense de... 5.000 fr.

3° Le petit laboratoire.............................. 5.000 fr.

4° Le hangar de 10 mètres sur 5 mètres à raison de 25 francs
le mètre couvert............................... 1.250 fr.

5° La construction des serres devant couvrir une superficie
de 35 mètres sur 15 mètres, soit 525 mètres superfi-
ciels (appareils de chauffage et maçonnerie compris), à
raison de 80 francs le mètre superficiel, soit.......... 42.000 fr.

6° L'eau existant sur le terrain, la canalisation d'eau indispensable aux cultures demanderait seulement......... 2.750 fr.

7° Il faut prévoir, en outre, pour frais de terrassement, préparation du terrain, empierrement des routes, plantation
des abris....................................... 10.000 fr.

8° Enfin, il serait nécessaire d'enclore le terrain occupé par
l'établissement, soit environ 1 hectare de superficie ; ce
qui exigerait 400 mètres de clôture en palissade de bois
à raison de 10 francs le mètre, soit................. 4.000 fr.

Dépense totale à prévoir : 100.000 fr.

L'œuvre technique du Comité supérieur des jardins d'essai ne pou-
vant produire des résultats que si elle est soutenue par une œuvre administrative connexe, la Commission émet le vœu qu'un service spécial soit
organisé dans ce but au ministère des colonies.

Veuillez agréer, Monsieur le Ministre, l'expression de
mon respectueux dévouement.

Le rapporteur,

Paul Bourde.

DÉCRET ET ARRÊTÉS

Rapport adressé au président de la République par le ministre des colonies suivi d'un décret et arrêtés pris par le ministre des colonies.

Monsieur le Président,

Depuis longtemps déjà le département des colonies et l'opinion publique se sont préoccupés des meilleurs moyens de mettre en valeur notre domaine colonial, en particulier en ce qui concerne l'agriculture. A la suite de diverses missions envoyées à l'étranger afin d'étudier les moyens employés par les diverses nations coloniales pour tirer de leur domaine d'outre-mer le meilleur parti possible, il a paru nécessaire de créer, en vue du développement de notre agriculture, un organe spécial.

Une commission composée de spécialistes en la matière fut instituée par mon prédécesseur au ministère des colonies. A l'unanimité cette commission s'est déclarée en faveur de la création d'un jardin colonial métropolitain sur le modèle de ceux de Kew et de Berlin Dans la pensée de la commission, ce jardin doit servir de lien entre tous les jardins d'essai de nos colonies, les conseiller, les guider dans leurs travaux, tenir à leur disposition des boutures, semis et graines dont ils pourraient avoir besoin, centraliser et transmettre les renseignements nécessaires à l'amélioration des vieilles cultures coloniales et au développement des nouvelles, et nouer enfin d'une façon suivie des relations avec les établissements similaires de l'étranger.

Ce plan une fois arrêté, il importait d'en atteindre la réalisation avec le moins de frais possible et surtout sans grever le budget métropolitain de lourdes obligations. Le département s'est donc adressé aux colonies qui, depuis longtemps déjà, étaient unanimes à réclamer une création de ce genre, et toutes ont consenti avec un empressement significatif à contribuer aux frais de premier établissement et à l'entretien annuel de ce jardin proportionnellement aux bénéfices qu'elles en doivent retirer. Les sommes indispensables à la construction des serres, d'un petit laboratoire et du logement du directeur ont donc été réunies très rapidement et sans aucun frais pour la métropole. Il en est de même pour les sommes nécessaires chaque année au fonctionnement régulier de cet établissement.

Les dépenses de premier établissement n'excéderont pas une centaine de mille francs, comme il résulte du devis dressé par la sous-commission nommée à cet effet. Quant au budget à prévoir, il serait de 25,000 francs par an environ. Or, les réponses déjà reçues des colonies permettent d'affirmer que ces frais seront largement couverts par les subventions annuelles inscrites aux budgets locaux.

Reste la question de l'emplacement à acquérir. Grâce à l'obligeante intervention du Muséum qui a prêté aux colonies un concours très dévoué en cette circonstance, le jardin d'essai sera établi sur des terrains appartenant à ce haut établissement scientifique et dont il a bien voulu disposer gratuitement en faveur du jardin colonial.

D'autre part, plusieurs des sociétés coloniales de Paris et de province ayant manifesté l'intention de contribuer par des dons au développement et au fonctionnement de ce jardin colonial, il convient de donner à ce service les moyens de recueillir tous les dons ou legs qui pourraient lui être faits dans l'avenir.

Le jardin d'essai colonial sera administré par un conseil d'administration dont tous les membres seront nommés par le ministre. Les budgets et comptes seront délibérés par le conseil d'administration et approuvés par le ministre des colonies. Les dons et legs seront acceptés par le ministre, les dons en nature boutures et graines par le président du conseil d'administration.

Ainsi sera créé, dans des conditions exceptionnelles d'économie, au point de vue matériel, et de contrôle efficace au point de vue scientifique, un établissement d'agriculture coloniale dont l'action constante pourra avoir une très précieuse influence sur le développement économique de nos possessions d'outre-mer.

J'ai, en conséquence, fait préparer et soumettre à la section des finances, de la guerre, de la marine et des colonies du conseil d'État, qui l'a adopté, le projet de décret ci-joint que j'ai l'honneur de vous prier de vouloir bien revêtir de votre signature.

Veuillez agréer, monsieur le Président, l'hommage de mon profond respect.

Le ministre des colonies,
GUILLAIN.

Le président de la République française.
Sur le rapport du ministre des colonies,
La section des finances, de la guerre, de la marine et des colonies, du Conseil d'État entendue,

Décrète :

ARTICLE PREMIER. — Il est créé à Vincennes, sous le nom de « jardin d'essai colonial » un service ayant pour objet de fournir aux jardins d'essai des possessions françaises les produits culturaux dont ils pour-

raient avoir besoin, ainsi que de réunir tous les renseignements les intéressant.

ART. 2. — Le jardin d'essai colonial est administré par un conseil
d'administration de sept membres, nommés par le ministre des colonies.

Le président du conseil d'administration est choisi dans le sein du conseil par le ministre.

Le conseil d'administration délègue à un de ses membres les fonctions
d'ordonnateur.

Les fonctions de comptable sont exercées par le directeur du jardin
d'essai colonial.

ART. 3. — Les recettes du budget du jardin d'essai colonial se composent :

1º Du produit des subventions et des dons et legs ;

2º Des revenus et des produits de l'exploitation des biens.

Le budget et les comptes sont délibérés par le conseil d'administra
tion et approuvés par le ministre des colonies.

ART. 4. — Les dons et legs dont le jardin d'essai pourrait être appelé
à recueillir le bénéfice sont acceptés par le ministre des colonies.

ART. 5. — Le ministre des colonies est chargé de l'exécution du présent
décret, qui sera publié au *Journal officiel* de la République française
et inséré au *Bulletin des Lois* et au *Bulletin officiel* du ministère des colonies.

Fait à Paris le 28 janvier 1899.

FÉLIX FAURE.

Par le président de la République :
   Le ministre des colonies,
      GUILLAIN.

~~~~~~~~~~~~~~~~

*Arrêté instituant un conseil de perfectionnement des jardins
d'essai coloniaux.*

Le ministre des colonies,

Vu le décret du 28 janvier 1899, instituant un jardin colonial à Vincennes ;

Vu le rapport de la commission des jardins d'essai coloniaux, en date
du 25 novembre 1898,

   Arrête :

ARTICLE PREMIER. — Il est institué auprès du ministère des colonies un
conseil de perfectionnement des jardins d'essai coloniaux.

Art. 2. — Ce conseil, composé de vingt membres au maximum, a pour mission de donner son avis au ministre des colonies sur les demandes d'ordre technique formulées par les directeurs de jardins d'essai; de lui indiquer les expériences qu'il lui paraîtrait opportun de faire dans ces jardins; de donner son avis sur les demandes de bourses de voyage et sur celles de missions agricoles dont il dresse le programme. Il reçoit les rapports des jardins d'essai coloniaux et adresse chaque année au ministre un exposé sur les travaux accomplis dans l'année. Il est appelé à donner son avis sur toutes les nominations concernant le personnel technique de ces jardins. Il doit enfin se tenir au courant de tout ce qui peut influencer la production agricole dans les pays tropicaux et se mettre en état de faire profiter nos colonies sans retard de tout progrès réalisé à l'étranger.

Art. 3. — Les membres du conseil de perfectionnement sont nommés pour trois ans par le ministre des colonies.

Fait à Paris, le 29 janvier 1899.

GUILLAIN.

Arrêté portant nomination des membres du conseil d'administration du jardin d'essai colonial de Vincennes.

Le ministre des colonies,

Vu le décret du 28 janvier 1899, portant création d'un journal colonial à Vincennes;

Vu l'arrêté du 29 janvier 1899, instituant auprès du ministre des colonies un conseil de perfectionnement des jardins d'essai coloniaux,

Arrête :

ARTICLE PREMIER. — Le conseil d'administration du jardin colonial de Vincennes est composé ainsi qu'il suit pour une durée de trois ans :

Président.

M. Tisserand, ancien directeur au ministère de l'agriculture.

Membres.

MM. Cornu (Maxime), professeur au Muséum d'histoire naturelle ;
De Guerne, secrétaire général de la Société d'acclimatation ;
Camille Guy, chef du service géographique et des missions au ministère des colonies ;
Tardit, maître des requêtes au conseil d'État, membre de la commission de l'hydraulique agricole, secrétaire général de la commission internationale d'agriculture ;

MM. De Vilmorin, vice-président de la Société nationale d'horticulture ;
Zolla (Daniel), professeur à l'école de Grignon.
Art. 2. — M. Camille Guy remplira les fonctions de secrétaire du conseil d'administration.
Fait à Paris, le 30 janvier 1899.

GUILLAIN.

Arrêté portant nomination des membres du conseil de perfectionnement des jardins d'essai coloniaux.

Le ministre des colonies,
Vu le décret du 28 janvier 1899, portant création d'un jardin colonial à Vincennes ;
Vu l'arrêté du 29 janvier 1899, instituant auprès du ministre des colonies un conseil de perfectionnement des jardins d'essai coloniaux,
Arrête :
ARTICLE UNIQUE. — Le conseil de perfectionnement des jardins d'essai coloniaux institué auprès du ministre des colonies est composé ainsi qu'il suit :

Président.

M. Milne-Edwards, membre de l'Institut, directeur du Muséum d'histoire naturelle.

Membres.

MM. Paul Bourde, ancien directeur de l'agriculture en Tunisie ;
Bureau, professeur au Muséum d'histoire naturelle ;
Chailley-Bert, secrétaire général de l'Union coloniale française ;
Maxime Cornu, professeur au Muséum d'histoire naturelle ;
Charles Deloncle, ingénieur agronome, ancien directeur d'école d'agriculture ;
Godefroy-Lebeuf, agriculteur colonial ;
Louis Grandeau, inspecteur général des stations agronomiques, membre du conseil supérieur de l'agriculture ;
Grandidier, membre de l'Institut ;
Baron de Guerne, secrétaire général de la Société d'acclimatation ;
Camille Guy, chef du service géographique et des missions au ministère des colonies ;
Lecomte, professeur au lycée Saint-Louis, ancien chef de missions agricoles au Congo ;
Milhe-Poutingon, directeur de la *Revue des Cultures coloniales* ;

MM. Olivier, directeur de la *Revue générale des Sciences* ;
    Risler, directeur de l'Institut national agronomique ;
    Tardit, maître des requêtes au Conseil d'État, membre de la commission de l'hydraulique agricole, secrétaire général de la commission internationale d'agriculture ;
    Tisserand, ancien directeur au ministère de l'agriculture ;
    Viala, professeur à l'Institut national agronomique ;
    De Vilmorin, vice-président de la Société nationale d'horticulture ;
    Daniel Zolla, professeur à l'école de Grignon.

Fait à Paris, le 30 janvier 1899.

Arrêté nommant le directeur du jardin d'essai colonial de Vincennes.

Par arrêté du ministre des colonies du 30 janvier 1899. M. Dybowski (Jean), directeur de l'agriculture en Tunisie, professeur de cultures tropicales à l'Institut national agronomique, est nommé directeur du jardin colonial de Vincennes.

RÈGLEMENT

COMPTABILITÉ DU JARDIN D'ESSAI COLONIAL

CHAPITRE I

Dispositions génerales. — Budget, recettes et dépenses.

ART. 1.

Le budget du Jardin d'essai colonial se divise en budget ordinaire et budget extraordinaire; le premier comprend les recettes et dépenses ayant un caractère permanent et normal, le second les recettes et dépenses inscrites pour des services extraordinaires, temporaires.

ART. 2.

Le directeur soumet, dans la seconde quinzaine d'octobre, le projet de budget du Jardin d'essai, pour l'année suivante, au Conseil d'administration qui doit voter, avant le 1er décembre, le budget à soumettre au Ministre.

Le budget est transmis, en double expédition, au ministre des colonies, qui l'arrête définitivement.

Une des expéditions approuvées est remise au Conseil d'administration, l'autre reste déposée dans les bureaux de l'Administration centrale.

ART. 3.

Le montant des crédits inscrits au budget ne peut être augmenté par aucune ressource particulière, et il doit être fait recette au budget du montant intégral des produits.

Les reversements de trop payé, qui sont effectués pendant la durée de l'exercice sur lequel l'ordonnancement a eu lieu, peuvent être rétablis au crédit de l'article qui avait d'abord supporté la dépense.

Art. 4.

Un membre du Conseil d'administration, délégué spécialement à cet effet, mandate les dépenses dans la limite des crédits.

Art. 5.

Le comptable est chargé d'effectuer toutes les recettes et toutes les dépenses du Jardin, et de faire tous les actes nécessaires pour assurer la conservation des biens appartenant au Jardin.

Il a la garde des titres de propriété ou de rentes et des valeurs appartenant au Jardin.

Il reçoit les fournitures de toutes espèces, après en avoir vérifié la qualité et la quantité.

Art. 6.

Tout versement ou envoi en numéraire et autres valeurs fait à la caisse du comptable donne lieu à la délivrance immédiate d'une quittance à souche.

Il est interdit de délivrer, par duplicata, des quittances extraites de livres à souche; ces quittances sont remplacées par des déclarations de recette.

Art. 7.

La durée de la période pendant laquelle doivent se consommer tous les faits de recettes et de dépenses de chaque exercice se prolonge :

1° Jusqu'au 28 février de la seconde année pour la liquidation et l'ordonnancement des sommes dues aux créanciers;

2° Jusqu'au 31 mars de cette seconde année pour compléter les opérations relatives au recouvrement des produits et au payement des dépenses.

Art. 8.

Chaque année, dans le mois qui suit la clôture de l'exercice, le Conseil d'administration, sur la proposition du directeur, arrête et soumet à l'approbation ministérielle les chapitres additionnels à ajouter au budget de l'exercice en cours.

Ces chapitres comprennent: en recettes, les restes à recouvrer, et, s'il y a lieu, l'excédent de l'exercice expiré; en dépenses, les restes à payer de l'exercice expiré.

Art. 9.

Les baux et marchés sont passés par le directeur au nom du Jardin d'essai, après approbation du Conseil d'administration.

Art. 10.

Les acquisitions d'immeubles, les baux dépassant trois années, les aliénations des biens du Jardin, ainsi que les emprunts, sont votés par le Conseil d'administration et approuvés par décrets rendus sur la proposition du Ministre des colonies.

Les achats de rentes sur l'État et les baux ne dépassant pas trois années sont approuvés par le ministre des colonies, après accomplissement des formalités ci-dessus décrites.

Art. 11.

Les marchés pour le compte du Jardin sont faits dans les conditions déterminées par le règlement comptabilité des colonies.

Ils doivent, autant que possible, être passés pour une année.

Les articles de consommation qui ne peuvent être l'objet d'un marché préalable et doivent par suite être achetés au comptant, sont désignés par le Conseil d'administration.

Art. 12.

L'acceptation des dons et legs faits au Jardin d'essai est autorisée par décret, en Conseil d'État, après avis du Conseil d'administration.

Art. 13.

Les dépenses ne peuvent être faites que dans la limite des crédits spéciaux inscrits à chaque chapitre et à chaque article.

Art. 14.

En cas d'insuffisance des crédits, le Conseil d'administration adresse au Ministre des colonies une demande spéciale de virement de crédit ou d'imputation de dépenses sur l'excédent des recettes ordinaires.

Art. 15.

Aucune dépense faite pour le compte du Jardin ne peut être acquittée que sur un mandat de payement délivré par le membre du Conseil d'administration remplissant les fonctions d'ordonnateur.

Les mandats ne peuvent être délivrés que pour des services faits, des travaux exécutés ou des fournitures livrées.

Les mandats de payement mentionnent l'exercice, la quotité de la dépense, le chapitre et l'article auxquels elle se rattache; les pièces justificatives y sont jointes.

Art. 16.

Le mandat de paiement doit être émis au nom du créancier direct. Il ne doit pas être émis de mandat soit au nom du mandataire d'un créancier direct, soit au nom du cessionnaire d'une créance.

Art. 17.

Les mandats délivrés après le décès d'un créancier au profit de ses héritiers ne désignent pas chacun d'eux, mais portent seulement cette indication générale « les héritiers ».

Art. 18.

Les mandats sont datés et chacun d'eux porte un numéro d'ordre; la série des numéros d'ordre est unique par exercice.

Chaque mandat ne peut comprendre qu'une seule créance individuelle ou collective.

Art. 19.

En cas de perte d'un mandat, il en est délivré un duplicata sur la déclaration motivée de la partie intéressée et d'après l'attestation écrite du comptable chargé du paiement portant que le mandat n'a pas été acquitté par lui, ni pour son compte.

La déclaration de perte et l'attestation de non-paiement sont jointes au duplicata délivré par l'administrateur délégué.

Art. 20.

Les pièces justificatives à joindre aux mandats sont les suivantes :

Pour les dépenses du personnel

Traitements, salaires, honoraires, indemnités.

ÉTATS NOMINATIFS ÉNONÇANT :
l'emploi,
le service fait,
la durée de service,
la somme due.

Pour les dépenses du matériel

Loyers d'immeubles, achats d'objets mobiliers, de denrées et de matières, travaux de construction, d'entretien et de réparation de bâtiment, de confection, d'entretien et de réparation d'objets mobiliers.

copies ou extraits certifiés des contrats, soumissions ou procès-verbaux d'adjudication, des baux, conventions ou marchés, décompte de livraison, de règlement et de liquidation énonçant le service fait et la somme due pour acompte ou pour solde.

Art. 21.

L'ordonnateur pourra prescrire de joindre aux mandats telles autres pièces qu'il jugera convenable et qu'il indiquera sur le mandat, dans la colonne d'observations.

Art. 22.

La production de ces pièces est indépendante des justifications que le comptable demeure seul chargé d'exiger sous sa responsabilité et selon le droit commun, sans le concours de l'administrateur délégué, pour vérifier les qualités des parties prenantes et la régularité de leurs acquits.

Art. 23.

Avant de procéder au paiement des mandats émis sur sa caisse, le comptable doit s'assurer, sous sa responsabilité, que toutes les formalités ont été observées, qu'il est appuyé des pièces justificatives régulières et qu'il n'existe aucune omission ni irrégularité matérielle.

Art. 24.

Le comptable doit s'assurer également que la date et l'objet de la dépense constatent une charge de l'exercice et de l'article sur lequel on l'impute.

Art. 25.

Le paiement des mandats doit être suspendu par le comptable dans le cas : 1° d'insuffisance de fonds ; 2° d'absence de crédit ou d'insuffisance de crédit ; 3° d'opposition dûment signifiée ; 4° de difficultés touchant à la validité de la quittance.

En dehors de ces cas, aucun refus de paiement ne peut avoir lieu que pour cause d'omission ou d'irrégularité matérielle dans les pièces justificatives de la dépense ou à raison de difficultés résultant des constatations prescrites par l'article ci-dessus.

Les motifs de tout refus ou retard de paiement doivent être énoncés dans une déclaration écrite et immédiatement délivrée par le comptable au porteur du mandat et à l'administrateur délégué.

Art. 26.

Le comptable est tenu de prendre, sous sa responsabilité, les précautions nécessaires pour s'assurer de l'identité des parties prenantes.

Art. 27.

Les dépenses pour les besoins journaliers, qui sont payées au comptant, sont effectuées après approbation donnée par l'ordonnateur des dépenses, au moyen d'une avance permanente qui ne peut excéder cinq cents francs. Cette avance est mandatée au nom du comptable. La régularisation en a lieu en fin de mois ou lorsqu'elle est épuisée.

Art. 28.

La valeur des produits et objets consommés en nature est portée en dépenses et mandatée comme les dépenses visées à l'article précédent.

CHAPITRE II

De la tenue des écritures. — Du contrôle et de la surveillance.

Art. 29.

La comptabilité du jardin d'essai est établie par gestion et divisée par exercices.

Art. 30.

Pour la comptabilité en deniers, le comptable est tenu d'avoir :

1° Un registre à souche, sur lequel il inscrit, à leur date et sans lacune, toutes les sommes versées à sa caisse pour le compte du Jardin, à quelque titre que ce soit;

2° Un livre-journal de caisse et de portefeuille, sur lequel il inscrit chaque jour et à sa date toutes les sommes qu'il a reçues et toutes celles qu'il a payées pour le compte de l'École ;

3° Un sommier dans lequel il classe par article et par exercice toutes les recettes et toutes les dépenses.

Art. 31.

Pour la comptabilité des matières, le comptable tient un livre de magasin et le livre d'inventaire du mobilier et du matériel appartenant au Jardin.

Art. 32.

Le livre de magasin comprend tous les approvisionnements du Jardin.

Les denrées achetées pour le compte de l'établissement y sont inscrites avec la date de leur entrée dans le magasin, l'indication de la quantité et de la valeur. Au fur et à mesure qu'elles sont livrées à la consommation, le comptable en inscrit la sortie avec la date du jour où il fait la livraison, l'indication de la quantité livrée et de sa valeur.

Le registre est divisé en comptes particuliers, selon la nature et la destination des différentes provisions.

Pour les achats au comptant, le comptable tient une main courante d'inscription quotidienne et en porte le relevé sur le livre de magasin tous les quinze jours seulement, en indiquant avec exactitude les entrées et les sorties.

A la fin de chaque mois, il fait la balance des entrées et des sorties pour chaque compte du registre et dresse un inventaire de tous les approvisionnements qui existent dans le magasin.

Le détail des approvisionnements en magasin au 31 décembre, tel qu'il résulte de l'inventaire dressé en fin d'année, est porté en tête de chacun des comptes particuliers du livre de magasin pour l'année suivante.

Art. 33.

Le livre d'inventaire du mobilier et du matériel présente, avec un numéro d'ordre spécial et chacune à sa date, toutes les acquisitions faites pour le mobilier, le matériel, la bibliothèque, etc.

Les objets hors d'usage, réformés avec l'autorisation du Conseil d'administration, sont maintenus sur le livre d'inventaire, mais la décision qui en autorise la réforme est mentionnée en regard dans la colonne d'observations.

Art. 34.

Tous les registres sont cotés et paraphés par le président du Conseil d'administration.

Il ne peut y avoir aucune interversion dans la série des numéros ni dans les dates. Toute rature ou surcharge est approuvée par l'ordonnateur des dépenses.

Le Conseil d'administration vérifie ces divers registres toutes les fois qu'il le juge convenable et y consigne le résultat de sa vérification.

Art. 35.

L'ordonnateur vérifie la caisse du Jardin au moins une fois par trimestre.

Il arrête les écritures et inscrit le résultat de sa vérification sur le journal de caisse.

S'il constate quelque irrégularité, il doit en avertir immédiatement le Conseil d'administration par un rapport spécial.

Art. 36.

Le président du Conseil d'administration ou son délégué procède, une fois par an, au moins, en présence du directeur-comptable et de l'ordonnateur, à la vérification de la caisse et de la comptabilité.

Ils constatent d'abord l'état de la caisse, puis se font représenter le livre à souche, le journal de caisse et le sommier, et, après s'être assurés de l'exactitude des sommes, des dates et des numéros d'ordre qui y sont consignés, ils en arrêtent les totaux et indiquent le résultat de leur vérification.

Ils procèdent ensuite à la vérification de l'inventaire des approvisionnements en magasin, dressé par l'économe et approuvé par l'ordonnateur des dépenses, et le comparent avec la balance des entrées et des sorties établie sur le livre du magasin. Ils comparent les quantités portées à l'inventaire avec les approvisionnements existants. Le résultat de cette vérification est constaté par la signature qu'ils apposent au bas de l'inventaire dressé par le comptable.

Immédiatement après, ils dressent un procès-verbal de la vérification à laquelle ils ont procédé.

Le procès-verbal est établi en double expédition dont une reste déposée au Jardin.

Ils procèdent, en outre, à toutes les vérifications qu'ils jugent utiles.

Art. 37.

A la suite de la vérification de la caisse et du magasin, le président du Conseil d'administration adresse au Ministre une des deux expéditions du procès-verbal ci-dessus mentionné et un bordereau récapitulatif des recettes et des dépenses. Le bordereau est visé par l'ordonnateur des dépenses. Il fait ressortir le solde en caisse, dont le comptable demeure chargé.

Le comptable joint à ce bordereau l'état des créances et des dettes du Jardin.

Art. 38.

Le comptable est tenu de verser à la Caisse des dépôts et consignations, à titre de placement de fonds, toutes les sommes qui sont reconnues par l'ordonnateur excéder les besoins courants de l'établissement.

Les récépissés figurent dans l'encaisse du comptable.

Au fur et à mesure des besoins, les dépôts de fonds sont retirés sur la représentation des récépissés, au dos desquels l'ordonnateur établit et signe un ordre de retrait des fonds.

Art. 39.

En cas de changement, de comptable, le président du Conseil d'administration ou son délégué arrête, conjointement avec l'ancien comptable ou son représentant et le nouveau comptable, tous les registres de comptabilité et constate par un procès-verbal l'état des écritures.

Le procès-verbal indique le montant des valeurs trouvées en caisse, celui des créances et des dettes, la valeur et la quantité des approvisionnements existant en magasin. Le nouveau comptable prend ces objets en charge et en devient responsable.

Il est procédé de la même manière pour la constatation et la prise en charge du mobilier et du matériel de l'établissement.

Une copie des procès-verbaux dressés à cette occasion est envoyée au Ministre des Colonies.

Art. 40.

En cas de maladie, de congé ou d'absence dûment justifiée, le comptable du Jardin d'essai peut être, à titre exceptionnel, remplacé par un fondé de pouvoirs à son choix, dûment agréé par le Conseil d'administration. Ce fondé de pouvoirs agit pour le compte et sous l'entière responsabilité du directeur comptable.

Dans le cas de décès ou de révocation du directeur comptable ou lorsqu'il aurait été dans l'impossibilité absolue de désigner son remplaçant, le Ministre, sur la proposition du Conseil d'administration, nomme un gérant intérimaire qui en remplit les fonctions jusqu'au jour de l'installation de son successeur.

La gestion du gérant intérimaire, qui est tout à fait distincte de celle du nouveau titulaire, donne lieu à une remise de service, conformément aux dispositions de l'article précédent.

Art. 41.

Tous les ans, à la clôture de l'exercice, ou à chaque changement, il est procédé, en présence d'un délégué du Conseil d'administration, au récolement du mobilier et du matériel.

Art. 42.

Il est dressé de cette opération un procès-verbal soumis au Conseil d'administration. Le Conseil d'administration doit donner acte de cette communication.

CHAPITRE III

DES ÉTATS DE SITUATION ET DU COMPTE DE L'EXERCICE

Art. 43.

Tous les ans, dans les quinze premiers jours de janvier, le comptable soumet au Conseil d'administration, en double expédition, l'état de situation de la caisse et l'état de situation du magasin pour l'année précédente. Une des expéditions est adressée au Ministre des Colonies, l'autre reste déposée dans les archives.

Art. 44.

L'état de situation de la caisse présente le résumé de toutes les opérations de caisse de l'année qui ont été inscrites au journal de caisse ; il constate les valeurs qui se trouvaient en caisse au 31 décembre de l'année précédente, le montant par chapitre de toutes les sommes reçues et payées pendant le cours de l'année et les valeurs restant en caisse à la fin de l'année.

Art. 45.

L'état de situation du magasin présente le résumé du mouvement des approvisionnements de l'année qui ont été inscrits au livre de magasin ; il constate la valeur totale des approvisionnements qui se trouvaient en magasin au 31 décembre de l'année précédente, la valeur par chapitre des denrées qui sont restées dans le magasin et qui sont sorties pendant le cours de l'année.

Art. 46.

Tous les ans, au mois d'avril, le directeur dresse le compte administratif de l'exercice qui vient de se clore au 31 mars. Ce compte présente le détail des opérations de l'exercice ; il indique par chapitre les sommes à recouvrer et les sommes à payer, et, dans chaque chapitre, les recouvrements et les payements effectués ainsi que les sommes restant à recouvrer ou à payer en fin d'exercice.

Pour l'appréciation des dépenses nettes, il constate l'augmentation ou la diminution des approvisionnements portés aux inventaires.

La situation de l'exercice en excédent ou en déficit est établie, dans un tableau récapitulatif, par la comparaison de la recette et de la dépense.

La situation financière du Jardin est établie en actif et en passif. L'actif se compose :

1° De l'excédent des recouvrements sur les payements du budget ;
2° Du montant des créances ;
3° De la valeur des approvisionnements en magasin ;
4° Du montant des créances non encore encaissées.

Le passif se compose du montant des dettes.

Art. 47.

Le directeur soumet le compte administratif de l'exercice à l'examen du Conseil d'administration dans les premiers jours d'avril et l'accompagne d'un rapport détaillé sur les diverses parties du service. Il constate, dans ce rapport, l'exactitude et la régularité des recettes et fournit des explications sur les sommes restant à recouvrer et sur les causes du retard dans les recouvrements.

Il examine successivement les diverses consommations, les compare avec celles de l'exercice précédent; il en explique les différences et indique les améliorations introduites et à introduire.

ART. 48.

Le Conseil d'administration prend une délibération sur le compte qui lui est soumis par le directeur du Jardin.

Le résultat de sa délibération est adressé au Ministre des Colonies, qui l'approuve.

ART. 49.

Chaque année, à la clôture de l'exercice, le comptable établit le compte des recettes et des dépenses qu'il a faites en numéraire pendant l'année précédente, ainsi que le compte des matières.

Il joint, à l'appui du compte, le registre à souche des quittances délivrées par lui depuis le 1ᵉʳ janvier jusqu'au 31 décembre.

Le compte ci-dessus embrasse :

1° Les opérations des douze premiers mois de l'exercice formant la deuxième partie de la gestion expirée ;

2° Les opérations complémentaires du même exercice formant la première partie de la gestion suivante.

ART. 50.

Il présente, par colonnes distinctes et dans l'ordre des chapitres et des articles du budget,

En recette :

1° La nature des recettes ;

2° Le montant des produits, d'après les titres justificatifs ;

3° Les remises et non-valeurs ;

4° La fixation définitive des sommes à recouvrer.

5° Les sommes recouvrées pendant la première année de l'exercice et pendant les trois premiers mois de la seconde année ;

6° Les sommes restant à recouvrer, à reporter au budget de l'exercice suivant.

En dépense :

1° Les articles de dépenses du budget ;

2° Le montant des crédits ;

3° Le montant des sommes payées sur ces crédits, soit dans la première année de l'exercice, soit dans les trois premiers mois de la seconde année ;

4° Les restes à payer à reporter au budget de l'exercice suivant ;

5° Les crédits ou portions de crédit à annuler faute d'emploi dans les délais prescrits.

Les opérations de recette et de dépense qui ne concernent pas directement le Jardin figurent dans une section séparée du compte sous le titre de « Services hors budget. ».

Le compte est suivi de la situation du comptable envers le Jardin au 31 décembre et du résultat final de l'exercice, qui est reporté en tête du compte suivant. Il est accompagné du procès-verbal de vérification de caisse au 31 décembre et des pièces justificatives prescrites par des règlements arrêtés de concert entre le Ministre des Colonies et le Ministre des Finances.

Art. 51.

Le compte des matières constate la quantité et la valeur des approvisionnements qui existaient dans les magasins au 31 décembre de l'année antérieure à celle du compte, la quantité et la valeur des approvisionnements qui sont entrés dans les magasins et de ceux qui en ont été retirés pendant l'année, enfin la quantité et la valeur des objets qui existaient dans les magasins au 31 décembre.

Il est accompagné des pièces justificatives prescrites par les règlements concertés entre le Ministre des Colonies et le Ministre des Finances.

Art. 52.

Les comptes de gestion du comptable sont jugés par la Cour des Comptes, à laquelle ils sont transmis, par l'intermédiaire du Ministre des Colonies, avant le 1er octobre de la seconde année de l'exercice.

⁎ ⁎

Dans sa première séance, le conseil d'administration a désigné comme ordonnateur M. **Michel Tardit**, membre dudit Conseil.

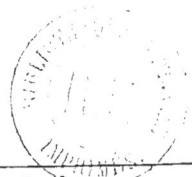

Paris. — Imprimerie F. Levé, rue Cassette, 17.

PARIS. — IMPRIMERIE F. LEVÉ, 17, RUE CASSETTE